1　天日乾燥中のトウガラシ（ペルー中部海岸地帯。ペルーはトウガラシ生産量が世界第３位）

2 （左）これが世界中に広がったトウガラシ（*C. annuum*）の祖先野生種（var. *aviculare*）。実は上向きに直立してつき、熟すと自然に脱落する
3 （右）現在もほとんど南アメリカの南部地方に栽培が限定されるトウガラシ（*C. baccatum*）。白い花の基部にある黄色の斑点が特徴

4 （左）ほとんどアンデスに栽培が限られるロコト（*C. pubescens*）。紫色の花をつける
5 （下）ロコトの果実。赤いロコトは小ぶりのトマトに似ているが結構辛い

6・7　エチオピアの食事の基本はインジェラとワットだ。インジェラは、テフと呼ばれるエチオピア起源のイネ科穀類の粉を発酵させて薄く焼いたもの。これにつきものなのが、トウガラシのたっぷり入った副菜のワット（下）である

8　トウガラシの乾燥作業（ネパール・カトマンズ）

（上左より）

9　蒸したジャガイモにすりつぶしたトウガラシだけをつけて食べる。シェルパ族の食事ではジャガイモ料理にトウガラシは欠かせない

10　トウガラシは「ゴプツォン」という専用の木臼でつぶす

11　カトマンズのタル・カリー。タル・カリーはカレー・ライスのようなものだが、トウガラシがたっぷり使われている

12　（上）ブータン・パロ近郊でのトウガラシの天日乾燥

13　（左）ブータンの国民食ともいえるエマ・ダッツィ。トウガラシをチーズとバターとともに煮たもので、味つけは塩だけ（川本芳氏提供）

14　（左）邪視よけのお守り。数本のトウガラシのほか、ライム、ビンバと呼ばれる渋い木の実、そして黒い人形が吊される（インド・プネ）
15　（右）インドネシア・ジャワのトウガラシ売り。乾燥したものはなかった

16　サンバルは、インドネシアの食事に欠かせないトウガラシのソース

17　四川省郫（ひ）県の豆板醬づくり。もっとも大切な工程は、この攪拌作業（加藤千洋氏提供）

18　新疆ウイグル自治区・ウルムチのトウガラシ売り。トウガラシ導入のルートについては諸説あるが、そのひとつがシルクロード経由である。もしそうなら、ウルムチも経由したかもしれない

19　キムチ用の材料。じつに多種多様な材料がある。龍仁（ヨンイン）市場にて

20　（左）キムチづくりは白菜を切ることから始まる
21　（上）大根の千切りにトウガラシの粉をまぶす

22　東京・巣鴨のとげぬき地蔵前の七味唐辛子売り

23　栃木県特産のトウガラシ品種、「栃木三鷹」。栃木県大田原市

中公新書 2361

山本紀夫著

トウガラシの世界史

辛くて熱い「食卓革命」

中央公論新社刊

まえがき

いまや日本の漬け物の生産量第一位を占めるのはキムチだが、これにはトウガラシが不可欠である。そのせいか、トウガラシの原産地は朝鮮半島だと考えている人が少なくない。また、インド原産だと考える人もいる。これも辛くて刺激的なトウガラシを使ったカレーライスのせいかもしれない。

しかし、トウガラシは朝鮮半島原産でもなければ、インド原産でもない。トウガラシの故郷は中南米であり、十五世紀の末にコロンブスによってカリブ海の西インド諸島から初めてヨーロッパに持ち帰られた。そして、ヨーロッパからアフリカやアジアなど世界各地にもたらされた作物なのである。つまり、トウガラシはコロンブスの新大陸「発見」まで旧大陸ではまったく知られていなかった作物なのである。

したがって、トウガラシは朝鮮半島やインドの原産どころか、そこでの利用や栽培はせいぜい数百年の歴史しかない。また、アフリカでもそうだ。見方をかえれば、トウガラシは中南米原産とは考えられないほど、短期間のうちにアジアやアフリカなどで広く深く受け入れられるようになった作物なのである。

にもかかわらず、この事実は日本ではほとんど知られていない。そもそも日本ではトウガラシが注目されることはこれまでなかった。たしかに、トウガラシは、コメやムギ、トウモロコシ、あるいはジャガイモなどのように栽培面積も大きくなく、主食になることがない。だからといって、トウガラシがとるにたりない食材だというわけではない。世界を見渡せば、トウガラシを不可欠にしている国や地域は少なくなく、世界の食文化のなかでトウガラシの果たした役割は決して小さくない。トウガラシの出現によって「食卓革命」といえるほど食文化に大きな変化を生じたところが多い。

それでは、トウガラシは中南米のどこで、どのようにして生まれたのだろうか。そして、中南米から旅立ったトウガラシはヨーロッパを経て、どのようにしてアフリカやアジアなどの世界各地に広がり、利用されるようになったのであろうか。本書は、このような疑問に答えるとともに、主食のかげに隠れて目立たないトウガラシに光をあて、それが世界の食文化に果たしている役割を明らかにしようとするものである。

さて、本書の構成はわかりやすいように地域別にした。原産地の中南米に始まり、地球を東まわりに日本で終わるという構成である。また、本書は専門家向けのものではないが、専門家の引用にも耐えるように配慮した。トウガラシの学名や植物学の専門用語を付したのも、そのような配慮によるものである。本書を通して、ほとんど注目されることのないトウガラシの魅力と役割、そして歴史を知っていただければ幸いである。

著　者

目　次

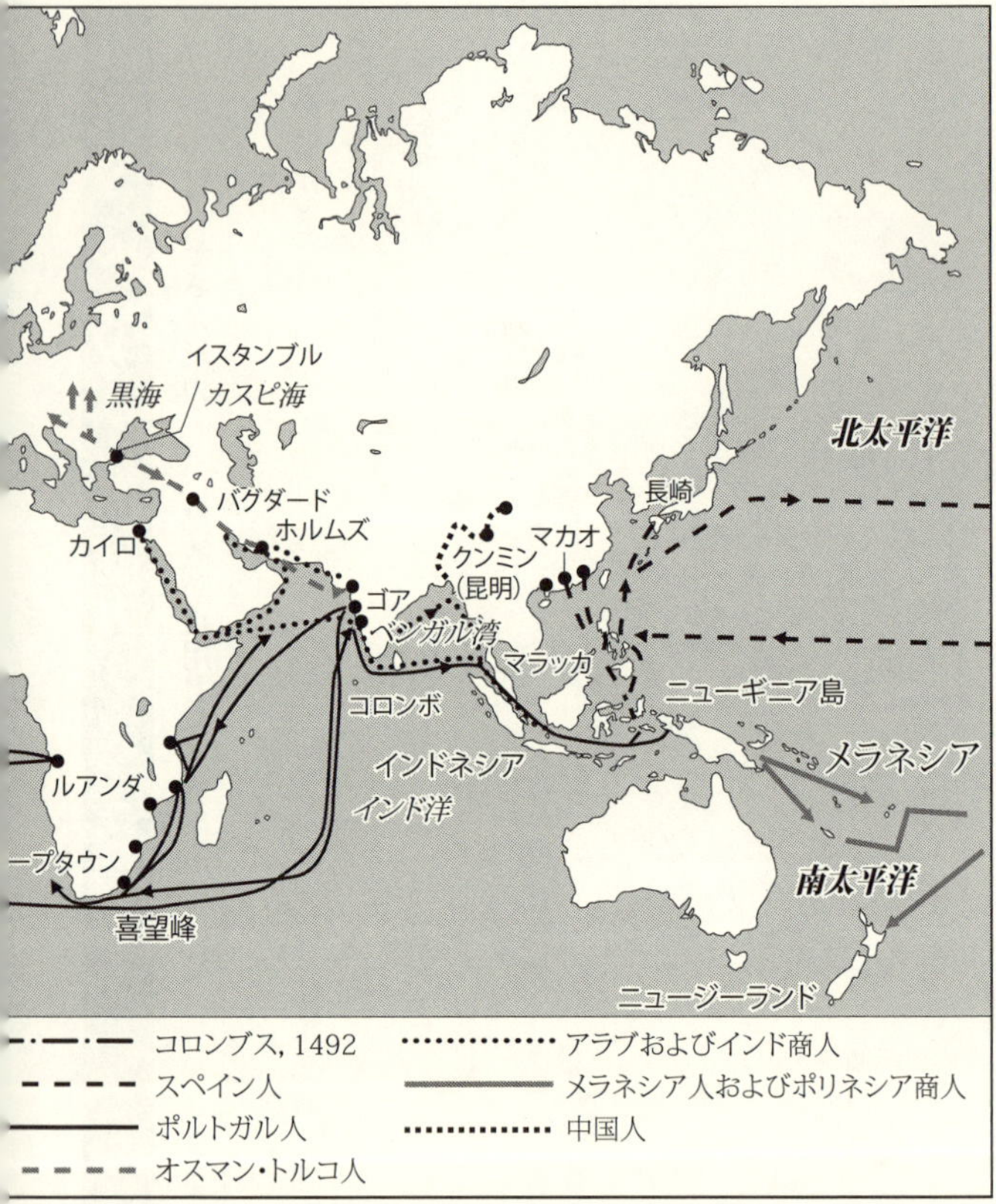

トウガラシの伝播ルート（Andrews, 1984）

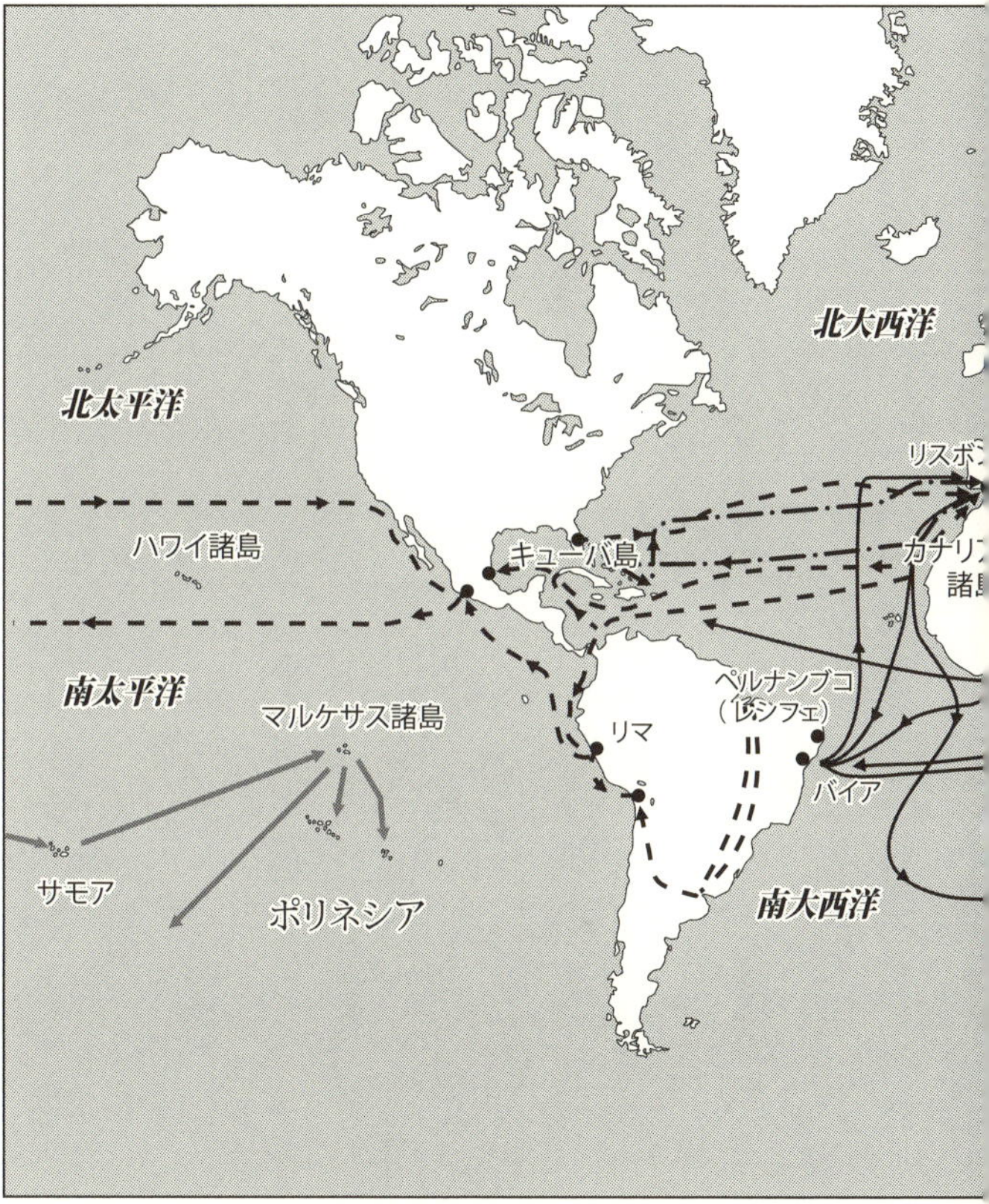

北大西洋
北太平洋
リスボン
ハワイ諸島
キューバ島
カナリア諸島
南太平洋
ペルナンブコ
（レシフェ）
マルケサス諸島
リマ
バイア
サモア
ポリネシア
南大西洋

第一章
トウガラシの「発見」

コロンブス一行が大西洋横断に使った旗艦サンタマリア号（1494年の木版画）

トウガラシとコロンブス

今から五〇〇年あまり前の一四九二年、コロンブス一行は大西洋を横断し、待望のインディアスに到着した。しかし、そこは彼が考えるインディアス、すなわちアジア大陸でもなければ、黄金の国のジパングでもなかった。彼らが到着したのは、期待に反してカリブ海のなかの西インド諸島のひとつでしかなかった。その後、彼らはエスパニョーラ島(現在のドミニカとハイチ)に移り、そこで約一ヵ月滞在したが、そこには期待していた黄金は見つからなかった(写真1―1)。周辺の島々でも探しまわったが、黄金はどこにもなかった。そのため、彼は四回もの航海を繰り返してカリブ海の探索をし、ついには南アメリカ北部にまで足をのばしたが、そこでも期待したほどの黄金は発見できず、コロンブスは失意のうちに死んだ。

しかし、コロンブスたちはこの新しい土地で黄金よりもはるかに役立つものを見つけていた。それは、これまでヨーロッパでも、アフリカでも、そしてアジアでも知られていなかった数多くの作物であった。実際に第一回の航海のときだけでもスペイン人たちはカリブ海でマニオク(キャッサバ)、ヒョウタン、タバコ、トウモロコシ、サツマイモ、トウガラシ、ワタ、カボチャなどを見て記録している。いずれも初めて目にするものであり、興味があった

写真１―１　ドミニカ共和国の首都、サント・ドミンゴ。写真右はコロンブスの像、中央はアメリカ大陸最古のサント・ドミンゴ教会

のであろう。

なかでも、当時のヨーロッパ人は香辛料に大きな興味をいだいたようで、コロンブス自身もトウガラシについて次のような記録を残している。

> 彼らのこしょうであるアヒーもたくさんあるが、これは胡椒《こしょう》よりももっと大切な役割を果たしており、これなしで食事をする者は誰《だれ》もいない。彼らは、非常に健康によいものだと考えているのである。これは、年間カラベラ船五十隻分を、このエスパニョーラ島から積出すことができるだろう[1]。

この文中のアヒーこそは、トウガラシの

ことである。アヒーあるいはアヒは、カリブ海地域から南アメリカにかけてトウガラシを指す言葉として今も広く使われている名称なのである。

新大陸発見のニュースは本国スペインではもちろんのこと、内外に大きな驚きと感動をもって迎えられ、発見された諸島の植民地化のために、ただちに第二次航海の準備が進められた。コロンブスは、帰国後わずか半年ばかり後の一四九三年九月末には、ふたたび西インド諸島に向かった。この第二次航海には、船医としてチャンカ博士が同行し、航海中に訪れた西インド諸島の住民やその生活、そして食べものなどについても記録を残した。そのなかでトウガラシの利用についてチャンカ博士は、次のような貴重な記録を残している。

その主食は木と草との中間のような作物の根から作ったパンと、さきにのべましたアヘという大根のようなものですが、このアヘは仲々滋養のある食糧であります。そしてこれの味付けにはアヒというものを香料として使っていますが、魚や、そして鳥があるときには鳥にも、これをつけて食べます。[2]

この木と草の中間のような作物とはマニオク（キャッサバ）、アヘはサツマイモ、そしてアヒこそがトウガラシなのである。この記述どおり、現在でも中南米の伝統社会ではしばしば

魚や動物の肉にトウガラシをつけて食べるのである。

当時、トウガラシはこの西インド諸島だけではなく、すでにアメリカ大陸各地で広く利用されていたようである。たとえば、一五七二年ペルーにやって来たスペイン人神父のアコスタは、中米やアンデスを広く旅行し、すぐれた記録『新大陸自然文化史』を著したが、そのなかでトウガラシについて次のように述べている。

> 神が、西方のインディア（西インド諸島）に与えられた本来の香料は、カスティリャ地方（スペインの中部地方）で新大陸の胡椒《ピメンタ・デ・ラス・インディアス》と呼ばれるものである。これは、はじめに征服された島《とう》

嶼《しょ》地方の言葉から、ふつうアヒと呼ばれ、クスコの言葉〔ケチュア語〕ではウチュ、メヒコ（メキシコ）の言葉ではチリという。[3]

アヒが南アメリカで、広くトウガラシの総称として使われていることは先に述べた。ウチュとはアンデス地方で話されるケチュア語でトウガラシのことであり、チリとはメキシコや中央アメリカでのトウガラシのことである。すなわち、この記録からスペイン人がやって来たとき、トウガラシはすでに西インド諸島や、中米、そしてアンデスでも利用されていたことがわかる。

また、十六世紀半ばに『ユカタン事物記』を著したランダ神父は、現メキシコのユカタン半島での先住民の食事について次のように述べている。

彼らの主たる食糧はとうもろこしで、これからいろいろな食物や飲物が作られる。もっとも彼らが飲んでいるような飲み方をするなら、飲物といってもそれは食物と飲物の両方の役を果たしている。[4]

そして、トウガラシの利用についても次のように述べている。

焼いたとうもろこしを粉にし、それを水に溶かして飲むことがあるが、これにインディアス（新大陸）のとうがらしとカカオを少し加えると、まことにさわやかな飲料になる。（中略）朝には、すでに述べたとおりとうがらしを入れた熱い飲物をとり、日中にはこれを冷やして飲み、夜には煮物を食べる。肉がないときには、とうがらしと豆の汁を作る。[5]

ユカタン半島は、メキシコの東側、カリブ海に面した低地に位置するが、メキシコの中央部には標高二〇〇〇〜三〇〇〇メートルの高原がある。メキシコ中央高地だ。ここに、十六世紀はじめ、スペイン人によって侵略されるまで栄えていたのがアステカ王国であった。このアステカ王国では、トウガラシが貴重なものだったようだ。そのことを物語るように、ア

図1―1　古絵文書に描かれた「貢納表」のトウガラシ。俵のようなものに入れられ、その上に目印としてトウガラシがおかれている（メンドーサの古絵文書による）

ステカ王国ではトウガラシが王国の都であるテノチティトランへの重要な貢納品のひとつになっていた。図1―1をご覧いただきたい。これはメキシコがスペイン人によって征服されたころに描き残されたコデックス（古絵文書）のなかの一枚で、そこには「貢納表」のなかにトウガラシの図が描かれている。

中南米最古の作物

それでは、トウガラシはアメリカ大陸でいつごろから栽培され、利用されるようになったのだろうか。アメリカ大陸における最初の植物栽培に関する考古学的な証拠は、ペルーの中部山岳地帯で紀元前八〇〇〇～七五〇〇年にまでさかのぼる。そして、その時代にトウガラシはすでに利用されていたらしく、トウガラシの遺物が見つかっている。[6] また、アメリカ大陸では、アンデスとともにメキシコでも古くから農耕が始まったとされるが、そこでもトウガラシは紀元前七〇〇〇年ころには利用されていたことが知られている。[7] したがって、トウガラシはインゲンマメなどとともにアメリカ大陸でもっとも古くから利用、栽培されていた植物のひとつと考えられるのである。

このあと、時代がくだると、アンデスでは石彫や土器にさかんにトウガラシのモチーフが使われるようになる。これらのモチーフから、当時の人びとが利用していたトウガラシがどのようなものであったのか、またトウガラシがもっていた重要性についても知ることができる。

この種の証拠で最古のものは、ペルー中部高地で紀元前八〇〇年ころから栄えたチャビン文化の碑石に彫られたトウガラシである。碑石は、高さが三メートルあまりの細長い直方体で、その全面は細かく入り組んだ文様で飾られている（図1―2）。左下に鳥の顔らしい形があり、末端は手になっていて、この手に吊《つ》りさげられているのがトウガラシであると考えられている。

では、このトウガラシは一体何を意味しているのであろうか。この碑石が宗教的なセンターにあったことや、この碑石そのものも神像であったと考えられることから、少なくともトウガラシは神聖視されていたか、貴重視されていたのではないかと思われる。

図1―2　チャビン・デ・ワンタル出土の碑石。左下にトウガラシが見られる
(Tello, 1960)

図1—3　ナスカ文化の土器に描かれたトウガラシ。ナスカ文化はペルー南海岸で紀元数世紀頃から栄え、大きな地上絵で有名（Yacovleff y Herrera, 1934）

このようにトウガラシを貴重視、あるいは神聖視する傾向は、時代がくだってもつづく。たとえば、紀元一〇〇〜八〇〇年ころ、ペルーの南海岸に栄えたナスカ文化の土器には、じつにさまざまな形や色のトウガラシが出現してくるが（図1—3、写真1—2）、このなかにトウガラシをもった神と思われるものがある。図1—3に見える両手にたくさんのトウガラシの果実をもった人物が、トウガラシの神、あるいは農耕の神であろう。

このように、トウガラシをもつ人物が農耕の神、あるいはトウガラシの神として描かれているのは、やはりトウガラシの神聖視、貴重視と関係するように思われる。というのも、ナスカ文化の土器には豆類やイモ類、果実類など、さまざまな作物が描かれたり、象《かたど》られたりしているのに、農耕神とともに出てくるのはトウモロコシやトウガラシなど、一部の作物に限られるからである。

なお、このナスカ文化の土器に描かれた図や形から、当時すでにトウガラシの品種がいくつもあったこともわかる。たとえば果実の色には赤色のほか、オレンジ色や灰色のものがある。また果実のつき方も、垂れ下がるものや上向きのものがある。さらに、このナスカ文化と同じころ、ペルーの北海岸に栄えたモチェ文化や、その後のチムー文化の土器に描かれたトウガラシまで入れると、かなりの品種があったことはまちがいない。

写真1—2　ナスカ文化の土器に描かれたトウガラシの図（ペルー・天野博物館蔵）

このトウガラシの重要性は、インカ期になっても変わらなかった。最後のインカ皇帝の孫にあたるインカ・ガルシラーソは、ウチュと呼ばれるトウガラシについて次のように述べている。

……インディオたちの嗜好《しこう》の度合を勘案すれば、すべての（果実の）筆頭に置くべきものに、ウチュと呼ばれる香辛料がある。（中略）インディオたちはこの唐辛子をたいそう好み、これまでに挙げたいかなる野菜や果物よりもこれを大事にしている。[8]

先のアコスタ神父も、この点に関し次のように述べている。

……言っておきたいのは、古代インディオの間では、（トウガラシは）ひじょうに貴重視され、それを産しない地方に、重要な商品として持って行かれたことである。[9]

アコスタ神父が述べているように、トウガラシを物々交換の品として利用することは現在もさかんである。

また、現在も中南米、とくに伝統的な文化をよく残している地域ではトウガラシが香辛料として重要な役割を果たしている。たとえば、アマゾン流域の先住民のほとんどは焼畑農耕民であり、その主食は有毒のマニオクであるが、これにはトゥクピーの名前で知られるトウガラシのソースが不可欠である。しかも、そのソースは有毒マニオクの毒汁のなかにトウガラシとともに蟻《あり》、魚などを一緒に入れて長期間煮こんだもので、これを魚や動物の肉につけて食べるほか、マニオクからつくられるカサーベという薄焼のパンにつけて食べることもある。

また、アンデス高地ではジャガイモが主食であり、中米ではトウモロコシからつくったトルティーヤという、やはり薄焼きのパンが主食であるが、このどちらにもトウガラシのソースが欠かせないのである。

このように中南米の先住民社会では、地域が異なり主食が異なっても、トウガラシが主食の伴侶として必要不可欠なのである。

多様な品種——混乱する分類

以上のように、トウガラシは古くからアメリカ大陸の住民にとって、きわめて重要な作物であった。しかも、トウガラシはアメリカ大陸におけるほとんど唯一の香辛料ともいえるものであり、貴重なものだった。その結果、人びとのトウガラシの品種に対する関心も強かったのであろう、各地でさまざまな品種が生み出されてきた。たとえば、先に見たようにナスカ文化でも、いくつもの品種が利用されていた。また、コロンブスがアメリカ大陸に到達した時点でも、すでにかなり多くの品種が生み出されていた。アコスタ神父もトウガラシの品種について、次のように述べている。

アヒ（トウガラシ）には、緑、赤、黄などいろいろな色がある。カリベという名の激しい味のものがあり、これは刺激が強く、ひりひりする。おとなしい味のものもあり、甘くて口いっぱいに入れて食べられるものもある。小さくて、口に入れると、麝香《じゃこう》のようなかおりがするものもあり、とても味がいい[10]。

この記述からは、果実にさまざまな色があるだけではなく、辛みの程度にも変異があり、なかには現在甘味種といわれる、ほとんど辛くない品種もあったことがわかる。先のインカ・ガルシラーソもトウガラシの品種について、次のように述べている。

この唐辛子には、三つか四つの種類がある。もっとも多く出回っているのは、心もち細長い、しかし先の尖《とが》ってはいない、大ぶりのもので、ロコト・ウチュと呼ばれる。（中略）赤くならずに、黄色になったり、紫になるものもある……。もうひとつの種類は、人さし指と親指を広げたほどにも長く、小指くらいの太さの、とても細長いものである。（中略）いまひとつの種類は、小さくて丸い、サクランボ大のもので、葉柄《ようへい》のついているところもサクランボそっくりである。チンチ・ウチュと呼ばれるこの小さな唐辛子は、他と較《くら》べて辛味が圧倒的に強く、まるで口が焼けるかと思われるほどである。[11]

このインカ・ガルシラーソの記述は、アンデス地域に関するものであるが、このように一地域に限っても、さまざまなトウガラシが利用されていたのである。

このトウガラシの品種は、現在もじつに多く、メキシコだけでも六〇〇種類以上あるといわれる。たとえば、メキシコでチレ・ドゥルセまたはチレ・モロンと呼ばれるトウガラシは、いわゆるピーマンのことである。ピーマンは、よく知られているように、こぶし大、あるいはそれよりも大きいトウガラシである。一方で、チレ・ペキンと呼ばれるトウガラシは長さが一センチメートル前後、幅は数ミリメートルと、小指の先よりも小さい。またこれらの中間タイプにもさまざまな大きさや形のものがある。つまり、果実の長さだけでも十数倍、重量では数十倍もの大きな変異が見られるのである。参考までに、図1―4に主としてメキシコで栽培されているアンヌーム種の主だった品種を示した。

しかも、これらメキシコで栽培されているトウガラシのほとんどは、すべて植物学的には同じ種のものである。[12]つまり、極小のチレ・ペキンも、こぶし大のピーマンも、植物学的には同一種なのである。また、激辛で知られるチレ・テピンも、ほとんど辛みを感じないベルやピーマンも同じアンヌーム種である。後述するように、トウガラシの栽培種は少なくとも四種知られているが、メキシコや中央アメリカで栽培されているトウガラシは、ほとんどがアンヌーム（*Capsicum annuum*）種の一種に限定されるのである。そして、現在、世界中で広く栽培利用されているトウガラシも、ほとんどがこのアンヌーム種だけで、残りの三種は

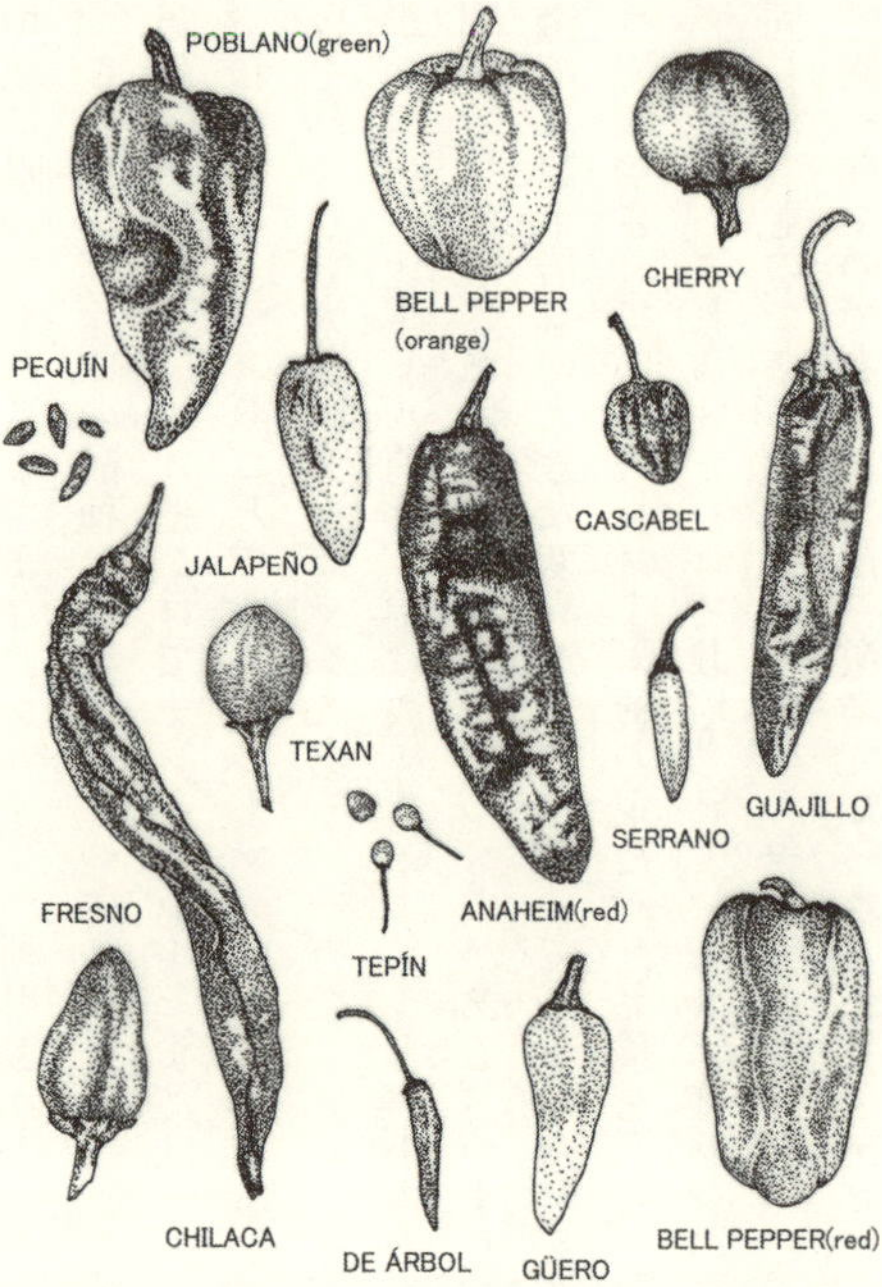

図1―4　アンヌーム種の主だった品種（山本祥子氏作画）

アメリカ大陸以外ではあまり知られることのない、いわば知られざるトウガラシなのである。

ところが、これら四種のトウガラシは、それぞれの種ごとに果実にきわめて大きな多様性があるのに、花や葉などの植物体では種間で顕著な違いが認められない。その結果、トウガラシの分類は長いあいだ混乱してきた。じつのところ、トウガラシの分類は現在なお充分に研究されたとはいいがたい状態にあり、文献などでもしばしば混乱が見られる。そこで栽培種および近縁野生種の関係を、ここで整理しておくことにしよう。

知られざるトウガラシ

トウガラシは、ジャガイモやトマト、タバコなどと同じように、アメリカ大陸原産のナス科の植物である。ただし、ナス科のなかでもトウガラシは比較的小さなカプシクム（*Capsicum*）属に属し、そこに含まれる種（スピーシス）は二〇種くらいである。このうちの少なくとも四種が栽培種と見なされているのである。[13]

表1—1は、これらの栽培種と、それぞれの祖先種と見なされる野生種のリストである。また図1—5は、これらの地理的分布を示す。この図でも明らかなように、メキシコから中央アメリカにかけて栽培利用されているトウガラシは、ほとんどがアンヌーム種である。また表1—1のアンヌーム種の二つの変種（var. *annuum*, var. *aviculare*）は、かつて別々の種に

表1—1　トウガラシの栽培種と祖先野生種

種名	栽培種	祖先野生種	推定起源地*	備考
アンヌーム種	アンヌーム種 *C. annuum* var. *annuum*	変種のアンヌーム種 *C. annuum* var. *aviculare*	メキシコ・中央アメリカ	中米を中心に世界中で広く栽培利用されている
チャイネンセ種	チャイネンセ種 *C. chinenese*	フルテッセンス種 *C. frutescens*	コロンビア・アンデス	アマゾン流域を中心としてカリブ海地域でも広く見られる
バッカートゥム種	変種のペンドゥラム種 *C. baccatum* var. *pendulum*	変種のバッカートゥム種 *C. baccatum* var. *baccatum*	中央アンデス山麓地帯	ペルーやボリビアなどのアンデス山麓で広く栽培される
プベッセンス種	プベッセンス種 *C. pubescens*	野生種エキシミウム／野生種カルデナシー *C. eximium* / *C. cardenasii*	ボリビア高地	主としてアンデス高地で栽培される。寒さに強いが暑さには弱い。紫色の花、黒褐色の種子が特徴

* 筆者の観察による、祖先野生種の分布域を推定起源地とした
(Yamamoto, 1978を一部改変)

分類されていたものであるが、近年形態の類似性やこれらの間で交雑が容易なことなどにより、一方が栽培型、もう一方が祖先種の野生型である同一種とされるようになった。

同様の関係は、バッカートゥム（*C. baccatum*）種でも見られる。この種のトウガラシは、ペルーからボリビアにかけての中央アンデスの山麓《さんろく》地帯に栽培の中心があるが、この種もかつて二種に分けられていた。しかし、これらもやはり交雑親和性（交雑可能度）が高く、アンヌーム種の

図1―5　トウガラシの栽培種と近縁野生種の地理的分布

場合と同じように変種のペンドゥラム（var. *pendulum*）が栽培型、変種のバッカートゥム（var. *baccatum*）が祖先野生種であるとされるようになった。[14]

チャイネンセ（*C. chinense*）種に属するトウガラシは、アマゾン流域を中心に南アメリカで広く見られ、その変異もかなり大きい。その野生型とされるフルテッセンス（*C. frutescens*）種もチャイネンセ種と同じように南アメリカの低地部を中心に広く分布している。写真1―3に、これら二種の果実に見られる変異を示した。また、分布図でもこれらの二種を区別しないで記した。じつは、これら二種は形態がきわめて似ており、交雑親和性も高いことから

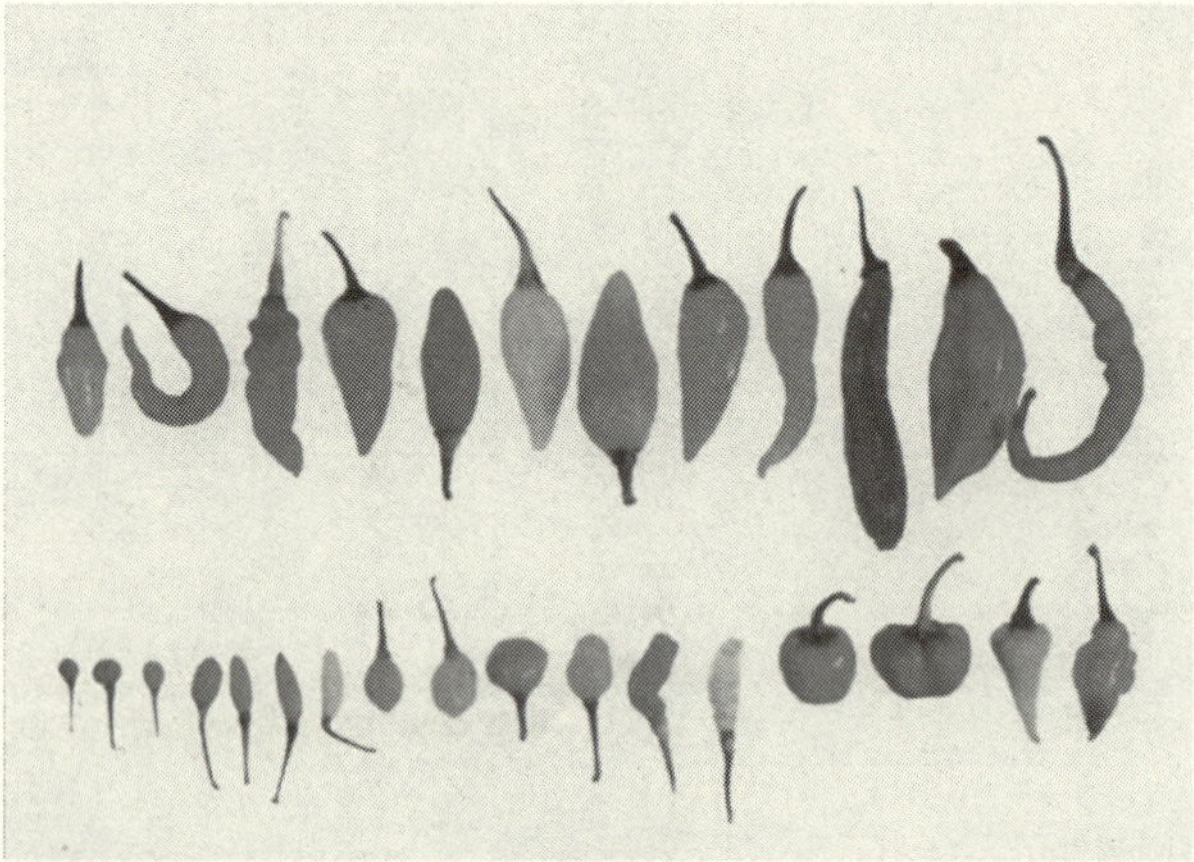

写真1—3　主としてアマゾン流域で栽培され、アヒの名前で知られるトウガラシ（*C. chinense* および *C. frutescens*）。果実の上下方向は実のつき方（直立型か下垂型か）を示す

別種ではなく、先のアンヌーム種やバッカートゥム種のように、一種にすべきであるとされるのである。[15] 一方で、最近、これら二種はやはり別種であり、別々の野生種から栽培化されたとする意見が出されている。[16] しかし、この点についてはまだ今後の研究の進展に待たなければならないので、ここでは従来どおりの説に従って論を進める。

もうひとつの栽培種であるプベッセンス（*C. pubescens*）種は、栽培や利用がほとんどアンデス地帯に限定される特異なトウガラシである。とくに、この種は寒さに強いため、その栽培はふつうアンデスの標高一〇〇〇～二〇〇〇メートルあたり、ときに三〇〇〇メートルくらいに

表1—2　トウガラシ種間雑種 F_1 の花粉稔性（%）

♀ ＼ ♂	C. annuum	C. frutescens	C. chinense	C. baccatum
C. annuum		36.3（3）	21.8（3）	6.3（1）
C. frutescens	F_1 の種子発芽せず		61.1（2）	11.0（2）
C. chinense	種子つけず	66.1（6）		23.1（2）
C. baccatum	F_1 の種子発芽せず	21.0（1）	F_1 の種子発芽せず	

注：（　）内の数字は組み合わせ数　（Yamamoto, 1978）

まで達することがある。ただし、暑さには弱いため、他のトウガラシのように熱帯低地では栽培できない。

プベッセンス種は、形態もかなり特異である。たとえば、トウガラシの花は白色または白に近い色であるが（口絵2）、プベッセンス種のみは紫色の花をつける（口絵4）。また、他のトウガラシの種子が黄色または薄い黄色であるのに、この種子だけが黒褐色である。さらに、他のトウガラシの草丈がせいぜい一メートル前後であるのに、これは二、三メートルの高さに達する。このため、アンデスではトウガラシは一般にアヒと呼ばれるなかで、プベッセンス種のみがロコトと呼ばれて、明確に区別されている。なお、この種の祖先種はボリビアに見られる野生種エキシミウム（*C. eximium*）、またはカルデナシー（*C. cardenasii*）と見なされている。

やや専門的になるが、表1—2はアンヌーム、フルテッセンス、チャイネンセ、バッカートゥムの相互の種間関係を、雑種第一代の花粉稔性《ねんせい》で示したものである。ちなみに、花粉稔性とは雄花の健全性のことで、稔性の低いときは次代の植物として発達できる種子をつけなかったり、種子が発芽不能であったりする。さて、プベッセンス種は、これらの四種のどれと交配しても雑種ができないどころか、結実さえしないため、表からは除外してある。この表で明らかなように、フルテッセンス種とチャイネンセ種の雑種を除けば、残りはきわめて低い花粉稔性を示すか、あるいは種子さえつけないほど交雑親和性は低い、すなわち種間の類縁関係は遠い。

一方、先に述べたように、アンヌーム種とバッカートゥム種の栽培種は、それぞれ種内に近縁の野生種をもつ。また、プベッセンス種には祖先種と見られる近縁野生種が二種知られており、チャイネンセ種とフルテッセンス種は、この表に見られるように交雑親和性がおおむね高い。

これらの事実は、四種の栽培種がそれぞれ、別々の野生種から異なった地域で栽培化されたことを意味するであろう。というのも、これら四種のトウガラシは基本的に異なった地理的分布をしており、しかもそれぞれの祖先種も、その栽培種の分布域内で自生しているからである。図1―5でもこの分布域の違いはかなり明らかであると思われるが、交通の発達する前、たとえばスペイン人たちが初めて新大陸に来たころ、この分布域の違いは、もっとはっきりしていたに違いない（図1―6）。

以上のことから、先のトウガラシの起源は次のように結論づけられる。まず、アンヌーム種のトウガラシは、変種の野生種のアビクラーレからメキシコまたは中央アメリカで、バッカートゥム種は野生種のバッカートゥムから中央アンデスの山麓地帯で栽培化された。チャイネンセ種は場所は不明であるが、祖先種と見なされるフルテッセンス種から、そしてプベッセンス種はボリビア・アンデスあたりでエキシミウム、またはカルデナシーから栽培化された[17]。

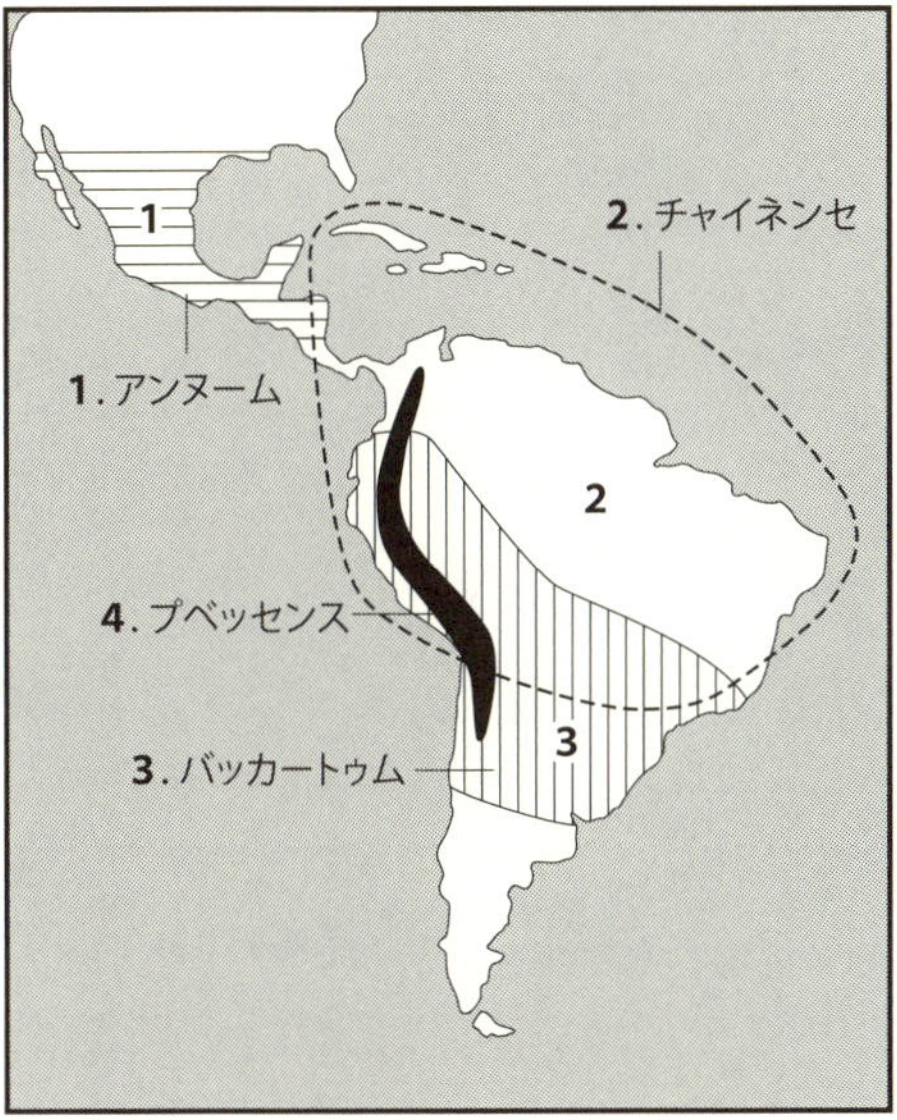

図1―6　新大陸発見当時のトウガラシの栽培種の分布（推定）(Heiser, 1976)

祖先種は雑草

面白いことに、これらの野生種には共通した特徴がある。その果実は、いずれも小指の先ほどに小さく、上向きに直立してつく。そして、実が赤く熟すと指で触れただけで、実はパラパラと落ちる。果実の脱落性があるからだ。

この果実のつき方を含め、わたしが観察した自生地のひとつでの野生種の状態を述べておこう。わたしがトウガラシの野生種の自生地を見つけたのは、メキシコ、コロンビア、ペルー、ボリビアであったが、ここではペルーの自生地を取り上げる。わたしが見た自生地のなかでは最大のものであったからだ。また、そこはインカ最大の遺跡のマチュピチュの山麓で、ウルバンバ川渓谷地帯の標高一〇〇〇メートル前後の低地部であった。定期的な交通手段がないので、ザックに荷をかつぎ歩いていった。そこは生態的にいうと、アンデス東斜面の熱帯または亜熱帯雨林的な環境のところである。

ただし、野生種が見られたのは、この森林のなかではなく、主としてこの森林に拓《ひら》かれた道路の路傍や川岸などであった。分布している範囲は、わたしの調査した限りでは数キロメートルにわたっていた。そこでは野生種は雑草に混じってというより、雑草そのものとして自生していた（写真1―4）。草丈も雑草と同じくらいの一～二メートルである。このため、トウガラシの野生種をこの雑草のなかから見出《みいだ》すのは容易ではない。しかし、果実が熟したときだけは別だ。実は小さくても上向きに直立し、しかも鮮やかな赤色を呈しているので目立つからだ。

実際に、わたし自身も、野生種を見つけることができたのは、上向きに直立した赤い実のおかげであった。もし果実が垂れ下がっていれば、赤い実の目印がなくなり、発見は容易で

写真１―４　トウガラシの野生種（バッカートゥム種）を採集する筆者。野生種の草丈を筆者の身長（173cm）と比べていただきたい（1974年11月）

なかったはずだ。おそらく、これは人間だけではなく、トウガラシの実を食べる鳥などにとっても同様であろう。事実、近くに人家のある場所では、ニワトリがこの赤い実をしばしばついばんでいる光景を目にしたものだ。

ただし、このように果実が目立っている期間はさほど長くはない。赤く完熟した実は、簡単にポロポロと落下してしまうからだ。つまり、穀類の野生種などと同じように、トウガラシの野生種も果実の脱落性があるのだ。この果実の脱落性こそは、種子を自然に散布させるための生存戦略であり、トウガラシの野生種に限らず、野生の植物一般に共通する特徴である。このように、トウガラシの野生種は赤い実を上向きにつけ、それに脱落性があるため、鳥などによって発見されやすく、ついばみやすいものとなっている。その結果、鳥などが食べて糞《ふん》を排泄《はいせつ》することによって野生種の遠隔地への自然散布を助けているのである。

なぜトウガラシは辛いのか

ここで疑問をもたれる読者の方がおられるかもしれない。それというのも、トウガラシの野生種の実はきわめて辛いので、鳥はその辛さを感じないのか、と思えるからだ。実際に、植物が身につける辛みは、基本的に動物から身を守るためのものなのである。トウガラシをはじめ、タデやダイコン、ワサビ、カラシナ、コショウ、ショウガ、サンショウなども「辛み」を身につけている植物だが、いずれも辛みで動物から食べられないように体を守っているのである。

にもかかわらず、鳥はトウガラシの辛みをものともせず、実を食べる。実際に、放し飼いにされたニワトリがトウガラシの実をせっせとついばんでいるところをわたしは何度もアンデス山麓やアマゾン低地で見ている。鳥がトウガラシを好むことは、日本でも古くから知られていたことだ。宝永《ほうえい》六年（一七〇九）に刊行された『大和本草《やまとほんぞう》』は一三六二種におよぶ、薬用植物を多く含んだ博物学的な解説書であるが、そのなかでトウガラシについて「蕃椒《ばんしょう》

（トウガラシ）を諸鳥好んで食べ、鶏などは甚だ好む、諸鳥の薬なりという」と解説している。つまり、トウガラシは鳥の薬になるだけではなく、ニワトリにいたっては好んでトウガラシをついばむというのである。

江戸時代の百科事典である『和漢三才図会《わかんさんさいずえ》』（正徳《しょうとく》二年〔一七一二〕ごろ完成）にも、「（トウガラシは）小鳥の病をよく治す、かごのなかに養う者は或《ある》いは腫《は》れ或いは糞を閉《と》ず、餌《えさ》を啄《ついば》まざる者に急《すみやか》に蕃椒を用い刻み、水に浸してその水を飲ましむれば、則活す。しばしばこれを試み有効」と述べている。小鳥はトウガラシを浸しておいた水を飲むことに抵抗がなく、江戸時代にはトウガラシが小鳥の病気の治療薬として使われていたのだ。

たしかに、自然界ではサルやシカ、クマなどの動物はトウガラシの辛みを恐れて寄りつかないらしいが、鳥だけは例外なのだ。インド人ジャーナリスト、アマール・ナージの『トウガラシの文化誌』では、「鳥は完全に無感覚だ。わたしたちは、鳥に二パーセントのカプサイシン溶液を与えた。それが溶解度の限界だ。人なら死ぬよ。だが、鳥は喜んで飲むんだ」と、ペンシルベニア大学のメイソン研究員の談話を紹介している。[18] ちなみに、カプサイシンとは、トウガラシの主要な辛み成分である。メイソン研究員のいうとおり、鳥だけはトウガラシを嫌うどころか、喜んでその実を食べる。そのおかげで、トウガラシの原産地の中南米では野生のトウガラシがあちこちに自生している。トウガラシの野生種の実は直径が一センチ足らずと小さく、また脱落性があるので小鳥でも容易についばむことができるのだ。

トウガラシと鳥との関係には、もうひとつ面白いことがある。鳥に食べられたトウガラシは発芽率がきわめて高くなることだ。アメリカの研究者たちの実験によれば、ピーマンを鳥とその他の動物にそれぞれ食べさせて、鳥の糞と動物の糞それぞれの糞のなかから出てきた種子の発芽率を調べたところ、鳥に食べられた種子はほとんど発芽したのに、鳥以外の動物に食べられた種子は大半が発芽しなかった。これは、トウガラシの生化学を研究している静岡県立大学の渡辺達夫教授によれば、ウサギや他の小型哺乳類《ほにゅうるい》は種子を壊す消化管をもっているが、鳥は種子を壊さずに化学的・物理的に果実の果皮を柔らかくする消化管を保有していて発芽を促進するからだそうだ。つまり、トウガラシは他の動物よりも鳥に食べられることで、種子が発芽しやすい状態で散布されるのである。したがって、トウガラシの実が辛いのは、動物のなかで鳥だけに選択的に食べてもらい、種子が広範囲に自然散布できるように助けてもらっているからと考えられるのである。

辛さをうむもの

トウガラシといえば辛いものと思いがちであるが、トウガラシのすべてが辛いわけではない。先に紹介したように、アコスタ神父は十六世紀に中南米を広く歩き、『新大陸自然文化誌』を著したが、そのなかで「(トウガラシには) おとなしい味のものもあり、甘くて口いっぱいに入れて食べられるものもある」と述べている。この記述によれば、十六世紀には、辛いトウガラシだけでなく、すでに辛くないトウガラシもあったことがわかる。

これまでわたしが試した限りでは、果実の小さい野生のトウガラシはいずれも激辛であった。この点から見ると、野生のトウガラシは本来辛いものであり、それを長年栽培するなかで徐々に辛くない品種を選びだしたのであろう。そのことを物語るように、トウガラシには猛烈に辛い激辛のものもあれば、さほど辛くないもの、まったく辛くないものなど、さまざまな辛さのものがある。

ところで、そもそもトウガラシの一体どこが辛いのであろうか。トウガラシの辛みの主成分であるカプサイシンのような有機化合物はアルカロイドと呼ばれ、これはふつう植物の根でつくられ、地上部に運搬される。しかし、トウガラシのカプサイシンは果実の部分でつくられる。このトウガラシの果実はユニークな形をしており、果皮の下が中空であり、それゆえトウガラシ属の学名はラテン語で箱を意味する **capsa** に由来する ***Capsicum*** なのである。この中空の果実のちょうど中央部、種子のついている芯《しん》にあたる部分でカプサイシンはつくられる。実際に、果皮は辛くなくても、ヘタの下の白い部分をかじると辛く感じる。この部分が胎座《たいざ》と呼ばれ、カプサイシンはここでつくられるのだ(図1―7)。

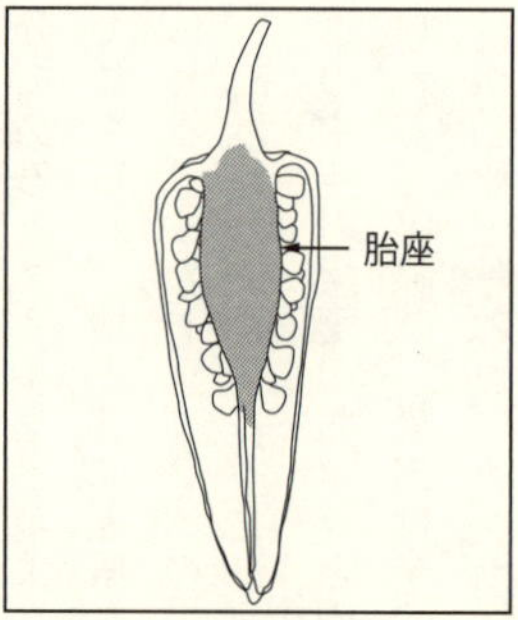

図1—7　カプサイシンをつくり出す胎座

面白いことに、トウガラシは果実が小さいものほど辛みが強い傾向がある。事実、果実の小さな野生種のほとんどは激辛である。一方、ピーマンやパプリカのような大きなトウガラシはあまり辛くない。これは長いあいだの栽培のなかで、辛いトウガラシのなかから辛くないトウガラシを人間が選抜していった結果であろう。

しかし、トウガラシの辛さは必ずしも果実の大きさに反比例しているわけではない。たしかに、果実の小さいものほど辛い傾向はあるが、その逆は必ずしもそうとはいえない。そのため、トウガラシにかぶりついてその辛さに飛び上がった経験をもつ人は少なくないだろう。

では、トウガラシの辛さを測定する方法はないのだろうか。それは辛さそのものの程度を基準にすればよいようだ。同じ品種のトウガラシでも、辛さには大きなバラつきがあるからだ。これを提唱したのはアメリカ人の農学者、ウィルバー・スコヴィルであった。彼はトウガラシの薬理学的利用法の研究をおこなっていたとき、手に入れたトウガラシの辛さが予測不可能なことに不満をいだいていた。こうして、スコヴィルは、辛みを測定し客観化するための測定基準を開発し、それは「スコヴィル感覚器官検査（スコヴィル方式）」として公式に認められることになったのだ。

スコヴィル方式の原理そのものは、いたって単純だ。まず、彼は、当時辛いことで知られていたトウガラシのなかで代表的な商業品種をいくつか取り寄せた。日本産、ザンジバル産、モンバサ産だ。辛みの主成分であるカプサイシンはアルコールに溶けるので、個別にアルコールのなかに一晩つけておく。そうすると、トウガラシのもつ辛みの化学物質が抽出される。この抽出物を正確に測定して、舌が辛みを認知できるかどうかのぎりぎりのところまで、甘みをつけた水を一定の割合で加えてゆく。

トウガラシの辛さがほとんど認識できなくなるのは、日本産のもので抽出物に二万倍から三万倍の希釈倍率の甘い水を加えたときだ。したがって、彼は日本のトウガラシに二万から三万のスコヴィル単位をつけた。ザンジバル産は「四万から五万」、モンバサ産は「五万から一〇万」にランクづけされた。したがって、モンバサ産のトウガラシがもっとも辛

表1－3　トウガラシの辛さを示すスコヴィル単位

品種	スコヴィル単位(度)
ベル，ピーマン	0
長い緑色のアナヘイム	250－1,400
ポブラノ	約3,000
ハンガリアン・イエロー	4,000
セラノ	7,000－25,000
チレ・デ・アルボル	15,000－30,000
タバスコ	30,000－50,000
日本の三鷹	50,000－60,000
メキシカン・タビチェ	100,000
カイエンヌ	100,000－105,000
インドのバード・アイ	100,000－125,000
日本の熊鷹	125,000－150,000
ハバネーロ	300,000

（ナージ，1997）

く、次にザンジバル産、そして日本産の順となった。

このようにスコヴィルは測定道具として人間の舌を選んだわけだが、現在は口を使っておこなうテストにかわって人間の舌と同じくらい感度のよい近代的な機械が使われるようになっている。ただし、辛さの単位そのものは、今も便利さゆえにスコヴィル単位を使う人が少なくないようだ。

参考までに、主だったトウガラシ品種のスコヴィル単位を示しておこう（表1―3）。この表によれば、ベルやピーマンなどの品種はスコヴィル単位が〇で、まったく辛くないことがわかる。一方、ハバネーロと呼ばれる品種は、スコヴィル単位が三〇万で、きわめて辛く、ハバネーロはトウガラシのなかでもっとも辛い品種だとされていた。しかし、最近ではハバネーロよりもっと辛い品種もあるそうだが、わたしは激しい辛さを恐れてまだ試したことはない。

第二章
野生種から栽培種へ
──中南米

ロコトの祖先野生種とみなされているウルピカを売る先住民のアイマラ族の女性。手前にあるサンショウのような実がウルピカ（ボリビア・ラパス）

野生種と栽培種の違い

前章で述べたように、トウガラシは中南米最古の栽培植物であり、中米でも南米でも紀元前七〇〇〇～八〇〇〇年の古い時代から利用されていたらしい。当時は中米でも南米でも農耕は始まっていなかったので、人びとは狩猟や採集によって食料を獲得していたのであろう。したがって、利用していたトウガラシは野原に自生している野生のものであったはずだ。

そして、この野生種を人間は何千年もかけて栽培しつづけ、自分たちの利用にとって都合のよいように変化させてきた。この人間の行為や栽培による植物の変化を「栽培化」という。したがって、わたしたちが日常食べている栽培植物はすべて野生の植物が栽培化されたものなのである。これは、ここで問題にしているトウガラシも例外ではない。ちなみに、栽培化は遺伝的な変化なので、いったん栽培化された植物は野生状態にしても、もう野生植物にはもどることはない。

それでは、トウガラシは栽培化によって、どのような変化が起こされているのだろうか。これを知るためには、栽培化される前と栽培化されたあと、すなわち野生種と栽培種の特徴をくらべればよい。幸いに、トウガラシでは前章で述べたように四種の栽培種のいずれも、

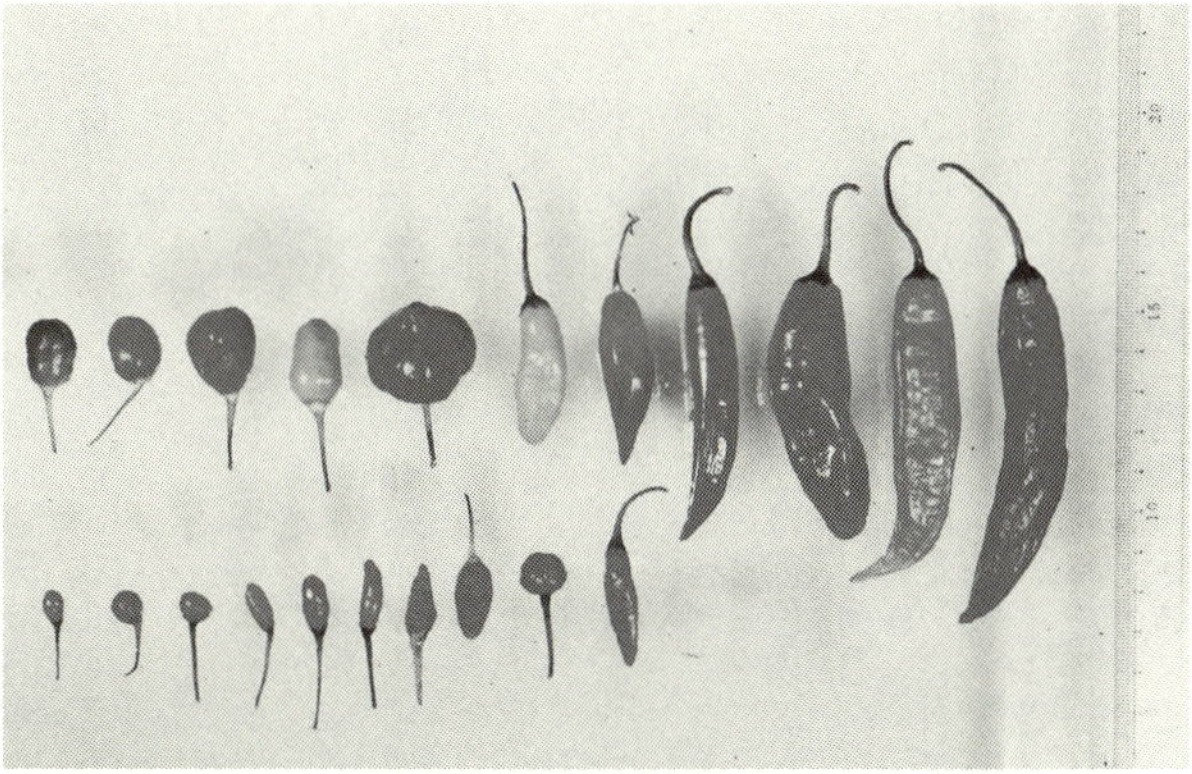

写真２—１　バッカートゥム種の果実の主だった形態的な変異

その祖先野生種が知られているので、この祖先野生種とその栽培種を比較することができる。ここでは、比較的容易に野生種が見られるトウガラシ、バッカートゥム種を例に挙げて比較してみよう。

写真２—１は、バッカートゥム種の果実の主だった形態的な変異である。先の分布図でも示されているように、バッカートゥム種のトウガラシは南アメリカ南部、とくにペルーからボリビアにかけてのアンデス山麓地帯や低地部で、ふつうに栽培されている。写真の果実は、この栽培種と野生の状態で自生しているものの両方である。このうち、野生種は写真左下の列の、果実が小さく上向きに置かれているトウガラシである。上向きに置いたのは、野生種の果実が上向きに直立してつくからで、写真の上下方向はこの果実のつき方を示している。

なお、この写真２—１にも示されているように、バッカートゥム種の野生種の果実は形態的な変異が連続しており、これらは同一種であることが明らかである。そこで以下では野生種を野生型、栽培種を栽培型として記述してゆくこととする。

さて、バッカートゥム種のトウガラシを栽培型と野生型で比較し、両者の間での違いを具体的に見ていくことにしよう。このためにバッカートゥム種のトウガラシのなかから、無作為に野生型のもの一七系統、栽培型のもの一五系統を選び、京都大学の試験場で同一条件下で栽培した。そして、さまざまな量的・質的形質を比較した。

まず、質的形質では、植物体や花について、これら両者間でほとんど違いは見られなかった。質的形質で違いが見られたのは、すべて果実に関係するものであった。すなわち、野生型の果実はほとんどが上向きにつき、色は赤であるのに対し、栽培型の果実はふつう垂れ下がってつき、その果色は赤色のほか、オレンジ色や黄色なども見られた。

次に一〇の量的な形質を示したものが図2―1である。それぞれの形質について平均、幅、および標準偏差値を示した。これによると、いずれの形質も変異の幅ではすべて重複し、標準偏差値を考慮に入れても、半分以上の形質で明確な違いは認められなかった。しかし、これらを全体として見るとひとつの顕著な傾向が認められる。それは花も果実も、そして種子も、栽培型は野生型より大きくなっていることである。また変異の幅も、栽培型はきわめて大きいのに対し、野生型は小さく、均一であることもわかる。

一方、栽培型の植物体のほとんどの器官で少し大きくなっているのは花糸《かし》（雄しべ）であり、小さくなっているのは花柱《かちゅう》（雌しべ）である。この結果、花糸と花柱の長さの比、すなわち花柱の突出度で見ると、栽培型と野生型の間でかなり明確な違いが生まれることになる。

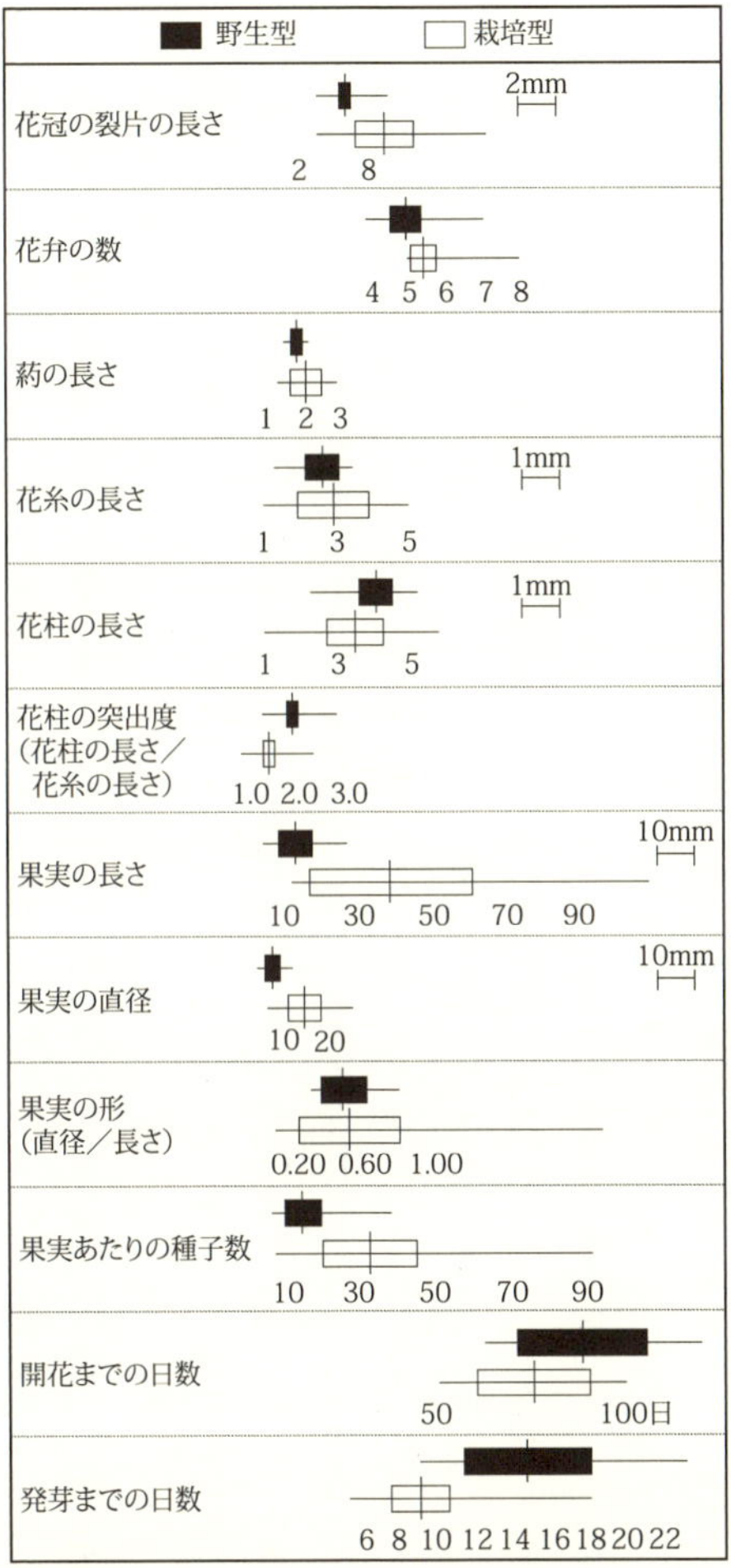

図2—1　バッカートゥム種における野生型と栽培型の形質ごとの比較（Yamamoto, 1978）

すなわち、野生型は花柱の突出度が大であるのに対し、栽培型は非突出型である。このことは、野生型が他家受精（他殖）型であるのに対し、栽培型は自家受精（自殖）傾向の強いことを意味する。

これらの違いの意味についてはのちほど検討することとして、もう少し野生型と栽培型の違いを見ておこう。この図で栽培型のほうが数の小さくなっているものが、あと二つある。ひとつは開花までの日数である。栽培型は開花までに要する日数が平均七六日であったのに対し、野生型は開花までに八九・三日間を要している。もうひとつは発芽までに要する日数で、栽培型は平均九・四日で発芽しているが、野生型は一四・八日も要している。

しかし先述したように、これらの違いは変異の平均値で見たときのことであり、変異の幅で見るとかなり重複している。したがって、これまで野生型と栽培型といってきたが、脱落性のほかには、これら両者の間をはっきりと分けるほどの違いは認められなかった。

この点について、さらに検討するため脱落性を含め、量的・質的形質をいくつか組み合わせて比較したものが図2—2である。脱落性のほかにとった形質は、果実のつき方、花柱の突出度、果実の長さ、そして果実の形である。この図を全体として見ると、たしかに脱落性がなく、果実の長いものは花柱が非突出型であり、果実のつき方も下垂型である。また脱落性があり、果実の小さいものは花柱が突出型であり、果実のつき方も上向きである。つまり、

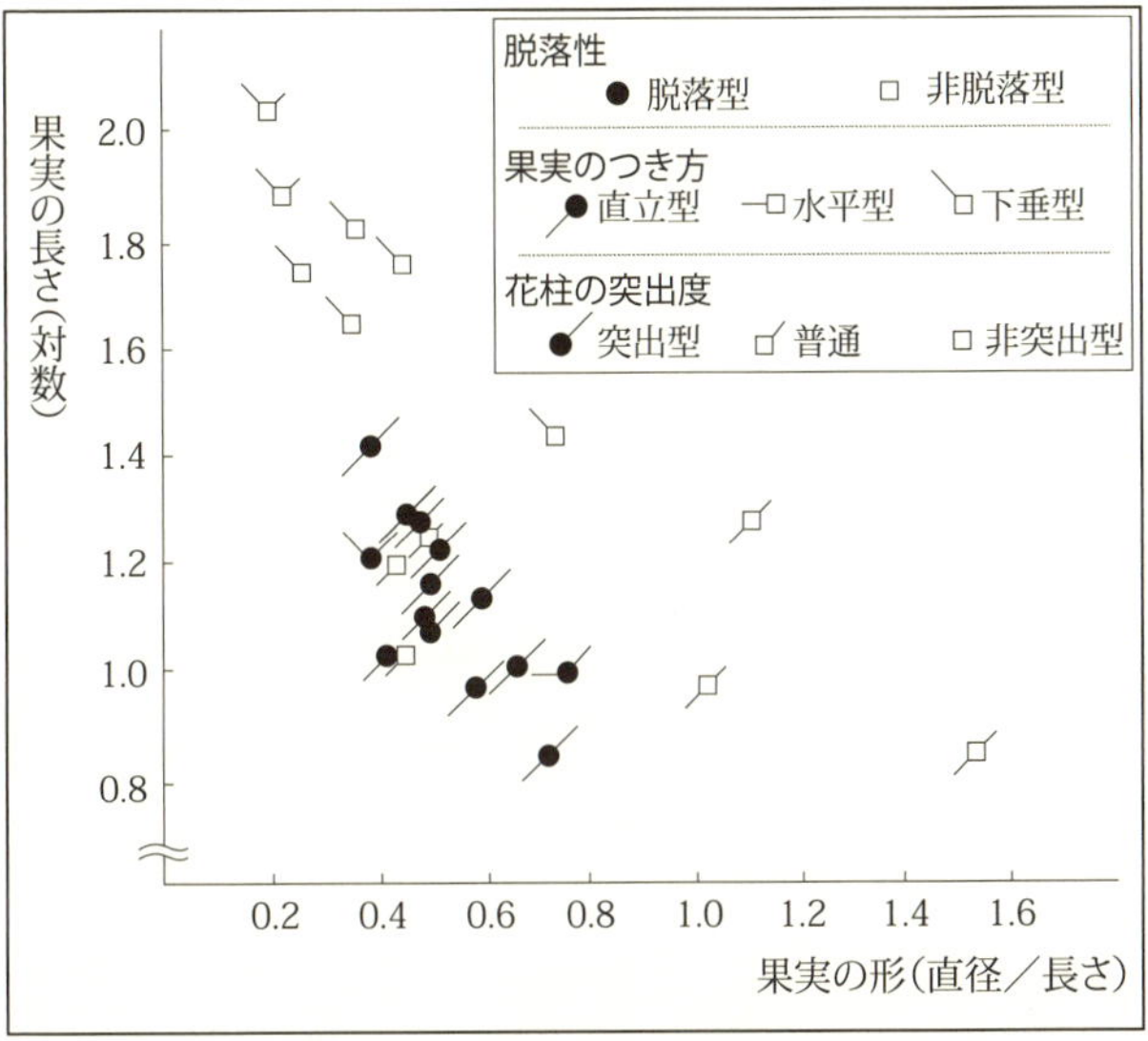

図2―2　バッカートゥム種における野生型と栽培型の比較

前者は栽培型であり、後者は典型的な野生型であろう。

しかし、このなかには例外がある。すなわち、野生種と変わらないほど果実が小さく、上向きに実をつけながら、脱落性がなく、花柱も非突出型のものがある。要するに、栽培型と野生型の間に明確な違いはない、あるいは変異は連続しているともいえよう。そして、この図から、先に見た形質のかなりのものが、相互に関係しあっているらしいことがわかる。

果実の脱落性こそは野生種の特徴

こうして見ると、小さく赤い果実を上向きに直立してつけ、しかもそれが脱落するという形質こそは、このトウガラシの野生種の特徴であると考えられる。これらの形質はまさしくわたしが自生地で注目したものであったが、野生のトウガラシにとっては好都合なものといえよう。というのも、脱落性も、鳥などに目立ちやすい直立方向に果実をつけるという形質も、自然散布機構と考えられるからである。一方で、このような脱落性は栽培する人間にとっては不都合なものとなる。こうして人間は果実を利用したり栽培するとき、意識的、あるいは無意識的にせよ、収穫する時点まで脱落しないで残っているものを選択するようになった、と考えられる。

また、果実の大きさや形、色なども、人間の栽培下にあって選択の対象となる。トウガラシの場合は、穀類などとは異なり、一つ一つの果実が摘み取られて収穫されるので、果実の変異に対する関心も容易に引き起こされるであろう。たとえば、野生集団の果実には見られない黄色やオレンジ色の果色など突然変異によって生じた形質も積極的に選択され、栽培化されるにいたった結果であると判断される。

栽培の行為は、果実ほどに目立たないが、ほかの面でも植物に変化を引き起こしている。かなり顕著な変化の一つは、発芽までに要する日数とそのバラつきである。先述したように、バッカートゥム種の栽培型の場合、ほとんどが八〜一〇日で発芽、遅くとも約二週間以内に発芽する。一方、野生型のほうは、発芽までに要する日数が九日から二三日間と、きわめてバラつきが大きい、すなわちダラダラと発芽する傾向が見られる。栽培する側からみれば、発芽日数の短縮および斉一性は望ましいことから、これも選択によって栽培化された結果であろう。

もう一つ顕著な変化は、自殖性の増大である。穀類などでは、自殖性植物のほうが種子生産の確保には有利であることが知られているが、トウガラシでも自殖性への変化が重要である。というのも、先に述べたように、トウガラシはふつう同じ場所で大規模に栽培されることがなく、せいぜい数株程度が人家の近くで植えられるからである。

おそらく、このような植え方は昔から変わらないか、あるいはトウガラシをはじめて栽培するようになったころのほうが顕著であったであろう。トウガラシは一度に大量に必要とされることはなく、自家消費用であれば、一株でも充分である。このことは、栽培トウガラシを他の集団から隔離することになり、この隔離が他殖性から自殖性への変化を促したと考えられるのである。

以上、バッカートゥム種を例として、野生型と栽培型の間の違いを見てきた。この違いは、栽培化によって引き起こされた変化にほかならない。そしてこのような変化は、ほかの種のトウガラシでも程度の差はあっても、同じように見られる。とくに、それは果実の変化において顕著に見られる。たとえば、ここで見たバッカートゥム種の果実の変異は、先に写真1

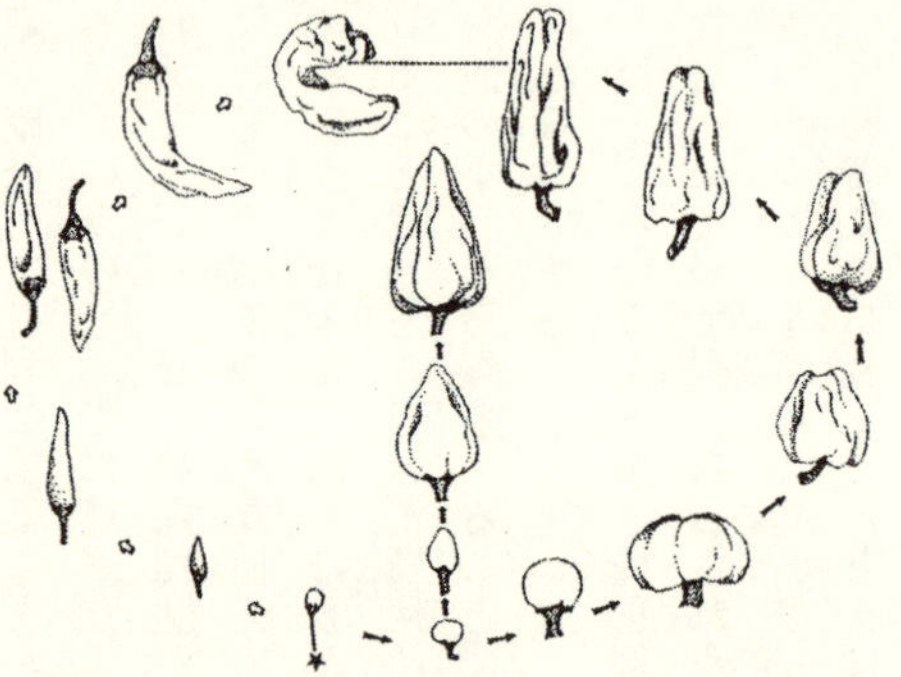

図2―3　アンヌーム種のトウガラシにおける栽培化の方向。図下の星印のついているものが祖先野生種（Terpó, 1966）

―3で示したフルテッセンス種やチャイネンセ種のそれと、きわめて類似しているであろう。つまり、小さく、丸く、上向きに直立してつく果実が、徐々に大きく、形が多様になり、それに伴って果実のつく方向もほとんどのものが下向きに変化していく。また、果実の色も赤色だけであったものが、黄色やオレンジなどの色も見られるようになるのである。

アンヌーム種については図2―3のように、すでに栽培化に伴う果実の変化がまとめられているが[1]、ここで見られる栽培化の方向もバッカートゥム種やフルテッセンス種、チャイネンセ種の場合と、ほぼ同じと見てよい。プベッセンス種については、果実の変異は小さいものの、この種の場合も基本的には変わらない。すなわち、やはり小さく、赤く、上向きに直立してつく果実が、大きく、多様な色の変異をもち、下向きにつく果実へと変化していくのである。

この事実は、地域が異なり、祖先野生種が異なっても、トウガラシの栽培化の方向が同じであったことを物語るものであろう。同時に、栽培化の内容は一般の食用作物と変わらないことも物語るようである。というのも、トウガラシの場合も栽培化の基本は、他の食用植物と同じように、食用となる部位の肥大化と多様化にある、と考えられるからである。

じつは、わたしが数多くある栽培植物のなかでトウガラシを取り上げたのは、それが穀類やイモ類などの主要な食糧源として利用されるものではなく、またそれが一般の栽培植物のように一年生ではないからであった。それでは、はたしてこの点に関して違いはないのであろうか。

ひとつ、大きな違いがありそうである。それは、これまで野生種といってきたトウガラシが、一部地域では栽培されていることである。ふつう、植物は栽培化とともに、野生種は利用されなくなる。ここで見てきたように、野生種は生産性が低いうえに、人間が利用するためにはさまざまな不都合な形質があるからだ。だからこそ、人間は植物を栽培化してきたのであろう。ところが、トウガラシの場合は、現在なお栽培種とともに野生種も栽培され、利用されているのである。これが、一般の栽培植物の場合と大きく異なる点で、その理由はトウガラシが木本性《もくほん》であり、しかも香辛料作物であることに求められそうなのである。そこで、次節で栽培される野生のトウガラシについて検討しておこう。

栽培される野生のトウガラシ

アンデスの市場、それも野天で農民たちが、それぞれに小さな店をひらいているような市《いち》には、その土地特有のローカルな作物が見られる（本章扉写真）。このような作物のなかに、ときどき緑色の小さなサンショウのような実が売られていることがある。日本円で一〇〇円も払えば、古新聞か古雑誌を破った紙に包んだ、たくさんの実がもらえる。

このサンショウのような実こそが、脱落性がありながら栽培されているトウガラシである。売り主に植えられている現場に案内してもらうと、このトウガラシは先に見た野生種そのものの特徴を備えているのに、庭や畑で栽培されている状態を見ることができる。気をつけて見ていると、アンデスに限らずアマゾンでも、野生種と変わらない、小さく直立して実がつき、脱落性をもつトウガラシが栽培されている。先にチャイネンセ種の野生種とされるフルテッセンス種が南アメリカの低地部を中心に広く分布していると述べたが、これはフルテッセンス種が野生種でありながらアマゾン流域などでふつうに栽培されているからなのである。

バッカートゥム種の例で検討したように、トウガラシの栽培種は果実の脱落性がなく、自然散布能力を失っている。この点から見れば、市で売られているサンショウのようなトウガラシは栽培種ではなく、野生種にほかならない。しかし、植物そのものは人間の管理下にあり、利用もされているので、その状態から見れば栽培植物のように見える。それでは、脱落性がありながら栽培されているトウガラシと自生している野生のトウガラシの間に違いはないのであろうか。

そこで、先のクスコの自生地で採集された野生集団と、栽培されているが脱落性をもつトウガラシの間で違いが見られるかどうか、両者を比較してみた。図2―4の●印が前者で○

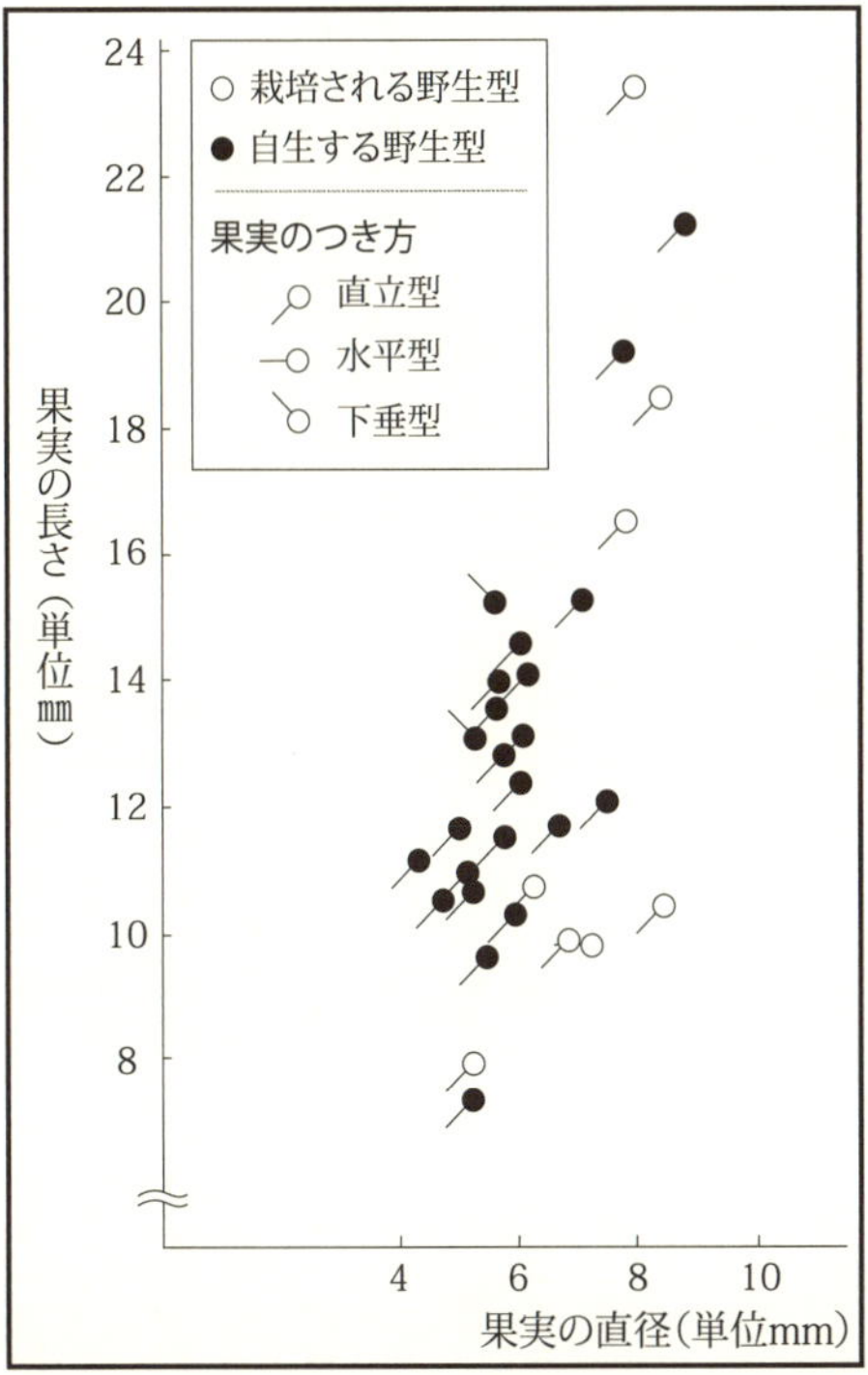

図2—4　バッカートゥム種における「栽培される野生種」と「自生する野生種」の比較
(Yamamoto, 1978)

印が後者である。どちらも脱落性や果実の色では違いが見られないので、果実の大きさとそのつき方で比較している。実のつき方とは、下垂型か直立型、あるいは水平方向かということである。なお、縦軸に果実の長さ、横軸に果実の直径を取っている。

この図によれば、どちらも同じような変異の幅をもっており、両者の間に違いはない。したがって、栽培されてはいても脱落性のあるトウガラシは、形質的には野生種と変わらず、単にその状態が栽培下にあるということにすぎない、といえそうである。ただ、ここで少し気になるのは栽培されているトウガラシはもちろんのこと、野生種の自生集団のなかだけで見ていても、果実の大きさにかなりの変異が認められることである。果実の長さで見ると、最小のものと最大のものでは三倍近い差がある。さらに野生種のなかにも、これまで栽培種の特徴としてあげた、果実が下垂してつくものが見られる。

このことから、この自生集団は本来の意味での野生ではなく、栽培地から逸出（エスケープ）したものではないか、との疑いがもたれるかもしれない。しかし、果実を利用する木本性の栽培植物の野生種に、しばしば多様な変異が見られることは、著名な農学者のニコライ・バビロフによっても報告されている。また、もしこれが逸出したものであるとすれば、このような逸出した集団の自生地が、アメリカ大陸の各地でもっと広く見られてもよさそうなものである。たとえば、バッカートゥム種の野生種はペルー、ボリビア、そしてアルゼンチン北部までの各地で見られるのに、その自生地は少なくともわたしが見た限りでは二ヵ所にすぎなかった。このことから、これを逸出したものであるとは考えにくい。

一方で、栽培されている野生種のトウガラシが、野生集団から移し替えられて日が浅いものなのではないか、とも考えられるであろう。しかし、野生種のトウガラシを栽培しているところは少なくなく、しかもそれらのほとんどが、この野生種の自生地からかなりの遠隔地に位置している。また野生種のバッカートゥム種の呼称は地方によってまったく異なる。たとえば、先の自生地ではマラテと呼ばれていたが、ボリビアの北部ではアリビビあるいはチンチの名前で知られている。チンチは先にインカ・ガルシラーソも言及していた、辛いトウガラシのことである。これはボリビア南部からアルゼンチン北部では、キトゥチョと呼ばれているのである。

じつは、トウガラシの野生種に名前がつけられ、利用されているのは、このバッカートゥム種に限らない。わたしが現地で調査した限りでは、いずれの野生種にも名前が与えられ、利用されていた。先のフルテッセンス種とチャイネンセ種の野生種は、アマゾン流域で広く見られるが、いずれもそれぞれ固有の呼称が与えられ、栽培されている。またアンヌーム種の野生種は、一般にピキンまたはペキンの名前で知られ、これもしばしば市で売られ、香辛料として利用されている（写真2—2）。そしてプベッセンス種の野生種は二種知られているが、どちらもウルピカと呼ばれて利用されている。

このようにトウガラシ各種の野生種に、それぞれ異なった呼称が与えられ、また栽培されている事実は、このような利用の方法が新しいものではないことを物語るものであろう。それでは、なぜ栽培種のトウガラシがあるにもかかわらず、野生種が利用されるのであろうか。

写真2―2　アンヌーム種の祖先野生種とみなされるピキン（グアテマラ・チチカステナンゴ地方）

現地の人たちによれば、野生種には栽培種が失ってしまった香りや風味、さらに強烈な辛みがあるためだという。このため、栽培種と野生種の両方が共存している場合、しばしば野生種のほうが好まれることさえある。しかし、野生種には脱落性があるほか、果実も小さいなど、利用するうえではいろいろと不都合があるはずである。

それでは、このような不都合な点は、どのように克服されているのであろうか。まず、トウガラシは、穀類やイモ類、さらに豆類などのように、食糧を主たる目的とする作物ではなく、辛みや香りを第一の目的とするものである。したがって、生産性は第二義的なものにとどまり、小さな果実であってもさほど大きな支障はない。とくに野生のトウガラシは一般にきわめて辛いため、香辛料として利用するうえで小さくてもあまり問題がない。またトウガラシは、未熟な果実であっても、香辛料としての利用にはさしつかえないので未熟なうちに収穫することで脱落性も解決できる、と考えられる。実際に、野生のトウガラシはしばしば未熟なうちに刈り取られ、利用されるのである。

たとえば、写真2—3はコロンビアでの野生トウガラシの利用の例であるが、これも未熟なうちに刈り取られている。コロンビア中部山岳地帯に位置するボゴタ南西部のヒラルドからカリ地方にかけては、フルテッセンス種やアンヌーム種の野生種が豊富に自生している。この果実ははじめのうちは緑色であるが、それが黒色に、やがて赤色に変化する。そして、

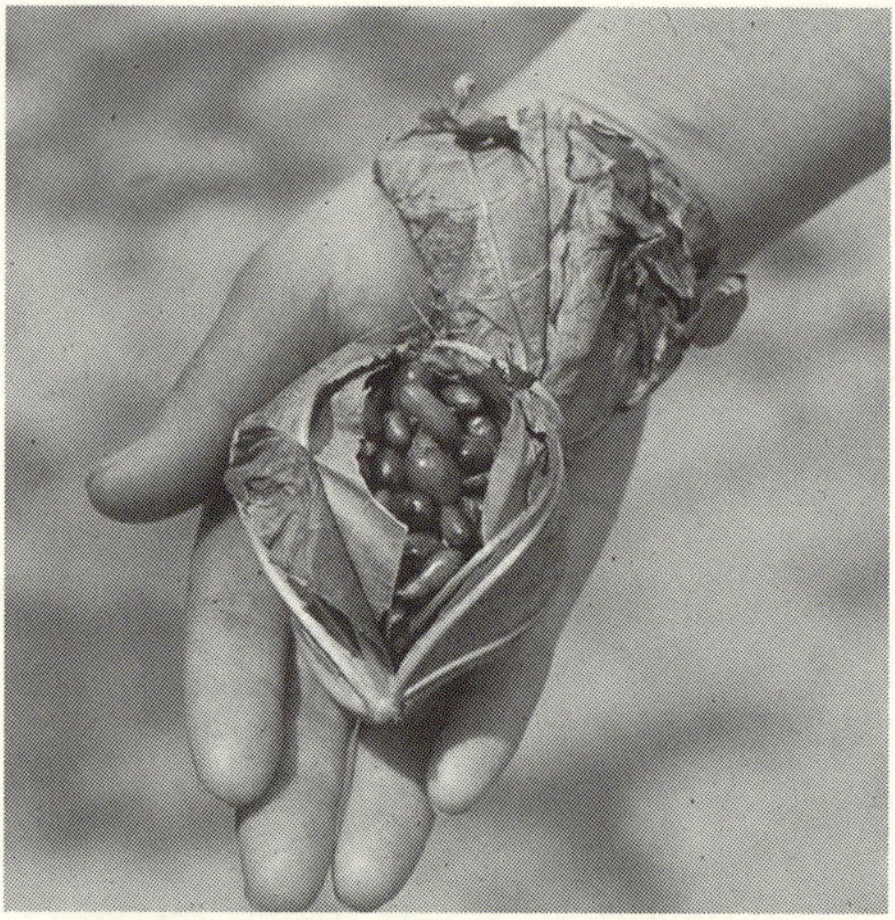

写真2—3　未熟刈りされた野生種のアンヌーム種

いずれもバッカートゥム種の場合と同じように、赤くなってしばらくすると脱落してしまう。このため、果実がまだ緑色のうちに手で摘み取り、写真のように葉に包んで売るのである。

一方、アルゼンチン北部のサルタ州からボリビア南部のタリハ州にかけては、バッカートゥム種の野生種が自生している。これは、この地方でキトゥチョの名前で知られているが、これが採集利用され、サルタなどでは酢づけのビン詰めの状態で市販さえされている。実際の採集現場を観察する機会は得られなかったが、果実の形態や色から判断して、脱落する前に摘み取られたものであることは明らかである。このように見てくれれば、野生種の利用のうえで、脱落性はあまり大きな障害とはなっていないようである。むしろ、野生種のトウガラシのもつ独特の風味や辛みなどが脱落性などの欠点を補って余りあるといえよう。

たしかに、トウガラシの栽培化は脱落性をなくし、果実を肥大化し、さらに栽培に都合のよい方向に植物を変えてきた。ただ、この方向の栽培化は野生種のもつ香り、風味、強烈な辛さなどを失わせてきたのであろう。それが、野生種の利用を継続させてきた理由のようである。

とくに、トウガラシが木本性であることが、この野生種の利用を容易にしたと考えられる。というのも、木本性であれば、一度植えると毎年種を播《ま》かないでも、あるいは栽植しないでも、季節になれば収穫が可能となるからである。一方で、このような利用の方法は栽培化の速度を遅くする、あるいは栽培化そのものを生じさせない効果ももつであろう。というのも、毎年、種子を取り、それを播けば、生まれてきた変異などに気づく機会も増え、またそれを選択的に栽培することにつながる。ところが木本性のトウガラシの場合、少なくとも数年間は播種《はしゅ》の必要がないため、選択の機会もそれだけ少なくなると考えられるからである。このように野生種の形質が人間にとってあまり不都合ではなく、野生種を利用している限り栽培化は生じないであろう。それでは、先に見たトウガラシの栽培化はどのようにして起こったのか、という疑問が生まれる。この点については、次の節で検討して、まとめにかえたい。

トウガラシはどのようにして栽培化されたか

種子や果実を利用する作物では、脱落性をもつ野生種のなかから非脱落性のものを選択する行為が、栽培化にとってきわめて重要である。実際に穀類でも、果実類でも、栽培化されたものは、例外なく脱落性を失っている。トウガラシの場合でも、果実が大きく、変異に富んだものは、いずれも非脱落性のものであった。にもかかわらず、トウガラシでは脱落性をもつものが現在もなお利用され、栽培されている。この野生種が利用される理由については、すでに述べた。

しかし、脱落性が人間にとって不都合でなければ、非脱落性のものを選択しようということにはならないであろう。さらに非脱落性のトウガラシが生まれない限り、現在見られるような品種の多様化も起こらなかったに違いない。人間が果実の変異に注目し、それを選択的に栽培するようになるためには、収穫する時点で果実が脱落していては難しいからである。それでは、トウガラシははたして、どのようにして栽培化されたのであろうか。

まず、栽培化の第一歩が、野生種を自生地から身近なところに移し替えることから始まったことはまちがいないだろう。次いで栽培化のためには、栽培中に生じた変異に対して関心をもち、それを選択し、保護することが必要である。すなわち、脱落性から非脱落性への転換は、突然変異で生じた非脱落性のものの発見、収穫、そしてその選択的な栽培があって初めて成立するのである。

たとえば穀類の場合、その栽培化は「野生のイネ科植物の種子を収穫し、さらにそれを播種するという、播種—収穫のサイクルを繰り返す過程から始まる」とされる[2]。そしてこの過程で生じた遺伝的変化のうちで、とくに重要なものが非脱落性の獲得であった。というのも、人間は脱落しないものを収穫し、脱落するものは収穫しないので、このような選択圧が植物に強く働き、自動的に非脱落性のものが比較的すみやかに成立したと考えられるからである。おそらく、トウガラシもこの穀類と同じようなプロセスを経て栽培化されたのであろう。とくに、脱落しないものを収穫し、それを播種するというサイクルが、非脱落性の獲得に大きな役割を果たしたに違いない。ただし、ここで問題となるのが、トウガラシの場合、穀類とは違って脱落するものも収穫されてきた点である。

もし脱落するものを収穫しつづけていれば、脱落しないものを収穫するという選択圧は働かないことになるであろう。トウガラシだけではなく、果実や種子を利用する植物はすべて非脱落性への変化がない限り、いくら長いあいだ同一植物を利用しようとも、顕著な栽培化は起こりえない。たとえば、北アメリカのワイルド・ライスがよい例である。これは日本のマコモに近縁で、湖のふちの水中に自生している一年生植物である。この植物は現地の住民によって穀粒が採集され、重要な食糧として利用されていたが、この種子は脱落性があり、栽培化されていない植物であった。[3] ワイルド・ライスが古くから利用されてきたと考えられるにもかかわらず脱落性があるのは、彼らがこの脱落性を利用して小舟のなかへ穂から粒をたたきおとすという収穫をしていたことに一因が求められているのである。[4]

しかし、このような採集による利用が可能となるのは、野生種の自生地だけである。自生地から離れたところでは、それを利用するためには栽培する必要が生まれてくる。とくに、自生地と生態的にかなり異なったところでは、単に植えるだけではなく、積極的な保護も必要となってくるに違いない。たとえば、水や肥料を与えたり、あるいは除草なども必要となったかもしれない。したがって、トウガラシの栽培化は、利用できる野生種が豊富に自生している地域ではなく、むしろ人間の保護なしではトウガラシの生育が難しいところで始まったのではないかと思われる。[5]

このように考えると、トウガラシの野生種の自生地がいずれも山岳地帯にあることは、たいへん示唆的である。というのも、山岳地帯では、さまざまな環境が見られ、とくにトウガラシの野生種が見られるメキシコやアンデスの北部や中央部は熱帯ないしは亜熱帯に位置しているため、そこでは高度によってきわめて大きな環境の変化が生み出される。そしてこれらの地域では、農耕が始まる前から高地と低地の間でトランスヒューマンス（季節的移住）をおこなって、多様な食糧源を獲得していたと考えられているのである。[6]

おそらく、このようなトランスヒューマンスのなかで、トウガラシは容易に利用されるようになったのであろう。トウガラシは木本性の植物であるため、一度その自生地を発見すれば、あとは毎年そこに行くと果実が利用できるのである。[7] とくに、野生種のトウガラシが雑草性の強いものであることが、この発見をさらに容易にしたのではないか。そのうち、この自生地から別の場所に移されたトウガラシもしばしばあったに違いない。

じつは、これまで自生しているトウガラシを野生種あるいは野生型といってきたが、より実態に沿った言い方をすると、野生種というよりは雑草なのである。先に述べたように、トウガラシの近縁野生種は例外なく道路や川岸など、不安定な植生の環境でのみ見られ、純粋の自然林や自然草原などでは生育しない植物、すなわち雑草なのである。このように、雑草は人間が破壊したり、介入した部分にだけ生じる植物であり、その意味で「雑草は人間文化にたよって生育している」のである。[8] もちろん、これは意識的なものではなかったかもしれない。トウガラシが食べられ、排泄されたあとで発芽することもあったであろう。ただし、自生地と異なった環境のところでは、たとえ発芽はしても生育は難しい。その生育のためには、人間の保護が必要になることであろう。そして、このようにしてトウガラシの栽培は始まったと考えられるのだ。

とくに、人間の保護なしで生育が難しいところでは、多年生から一年生への変化も徐々に起こったことであろう。実際に、メキシコや中央アンデスでは雨期と乾期があり、灌漑《かんがい》でもしない限り乾期の植物栽培は難しい場所が少なくない。このような環境では保護をやめれば、トウガラシは生育を止める、あるいは枯死することになり、この繰り返しが一年生への変化を促進したと考えられる。そしてこの変化は播種の機会を増大させることになり、それがまた変異を生じさせ、多様性を生むことにもなるであろう。

もちろん、アメリカ大陸の人びとのトウガラシに対する強い関心が、この植物の栽培化に大きな貢献を果たしたことを忘れてはならないだろう。彼らはトウガラシをきわめて古い時代から利用してきただけではなく、重要視したり、貴重視してきた。そのような人びとであればトウガラシの変異にも気づきやすく、その多様化にも大きな関心を払ったことが考えられる。このようなアメリカ大陸の人びとのトウガラシに対する関心の強さこそが、木本性であり、かつ香辛料作物であるトウガラシをきわめて多様性に富んだ栽培植物とすることを可能にしたに違いない。木本性の香辛料作物はコショウやサンショウ、チョウジ、ニクズクなど少なくないが、どれも品種の多様性という点ではトウガラシのそれに遠くおよばない。また、そのため、ほとんどの香辛料が熱帯などの一部地域に栽培が限定されるのに、トウガラシは熱帯だけでなく、温帯でも栽培できる。その結果、トウガラシは、現在世界で一番たくさん栽培され、また消費もされている香辛料なのである。

第三章
コショウからトウガラシへ
——ヨーロッパ

ヨーロッパではじめて描かれた
トウガラシの図（Leonhard Fuchs,
De historia stirpium 1543）

ロングペッパー

第一章で紹介したように、コロンブスは第一次航海のおり、「これ（トウガラシ）は、年間カラベラ船（十四〜十七世紀に使われた大型の帆船）五十隻分を、このエスパニョーラ島から積み出すことができるだろう」と述べている。この言葉に示されているように、スペイン人たちはトウガラシに大きな関心をもった。コショウを探し求めていた彼らは、コショウにかわる香辛料としてトウガラシに注目したのだ。

実際、コロンブス一行はトウガラシを早速ヨーロッパに持ち帰ったようで、一四九三年がヨーロッパにトウガラシを初めて持ち帰った年とされている。この新しい植物に、まず植物学者が関心をもったらしく、ドイツ人植物学者のレオンハルト・フックスは一五四三年に本章扉図のようなトウガラシの正確な絵を描いている。

スペインでもトウガラシは歓迎されたようだ。それというのも、一五六五年から一五七四年に出版され、一五七七年に英訳された、セビリア人のニコラス・デ・モナルデスの著書『新たに見つけられた世界からの喜ばしい知らせ』のなかに次のような記述が見られるからだ。

図3―1　精力的に新世界の香料に関する研究を続けたニコラス・デ・モナルデスの肖像画。第二版（1569、セビリア）の題扉より

連中（スペイン人たち）はコショウの一種を運んできた。連中がロングペッパーと呼んでいるものである。東インド諸島から運ばれてくるコショウよりも香りがきついし、噛《か》むともっとピリピリしている。アジアや東インド諸島産のものよりも香りは穏やかで、匂《にお》いもよい。肉の味付けに適しているからこの国の人々（スペイン人）はみな用いている。私も味わってみたが、黒コショウよりもピリピリしているが、香りはもっとよい。

図3—2　コショウ。辛い実をつけるが、植物はつる性で、トウガラシとは大きく異なる

私は肉の味付けにオリエンタル・ペッパーの代わりに用いたがこちらの方が穏やかな味になった[1]。

このように、モナルデスはトウガラシを「コショウに似た香辛料」と述べている。しかし、植物学的には両者はまったく異なった植物である。

トウガラシは、先述したようにナス科のトウガラシ属の植物であるのに対し、コショウはコショウ科コショウ属の植物である（図3—2）。また、コショウは他の物にからみつく、つる性であるが、トウガラシにそのような性質はない。さらに、コショウの栽培は熱帯低地に限られるが、トウガラシは温帯でも容易に栽培できる。つまり、トウガラシとコショウは共通点がほとんどない。

にもかかわらずトウガラシがコショウとくらべられるのは、その辛さゆえであろう。実際に、トウガラシはコショウよりも辛く、モナルデスも「コショウよりもピリピリしている」と述べている。なお、ここでモナルデスはトウガラシの味についても述べているが、別のところでは薬としての価値について次のように激賞している。

インディアス（西インド諸島）のトウガラシはすばらしい。そのすばらしさはスペイン中で知られている。その価値は薬用以上のものだ。（中略）トウガラシを食べれば、体は元気になり、心がときほぐれ、胸の病気に効く。トウガラシは体の主な器官を温め、調子を整え、丈夫《じょうぶ》にするので、これらの病気の症状を鎮める効果がある。トウガラシは辛く、その薬効は最上級に近い。[2]

こうして、トウガラシは十六世紀半ばごろにはスペインのいたるところで栽培されるようになった。その背景には、トウガラシは、当時高嶺《たかね》の花であったコショウと違ってスペインの環境に適して容易に栽培できたという事情もあったはずだ。モナルデスも、トウガラシが「庭園でも菜園でも植木鉢でも」栽培されていて、その辛さに応じて、生のままでも焼いても食べられ、広く料理の味付けに使われるほか、観賞用にも用いられたと述べている。

ここで、ちょっと気になることがある。それは、トウガラシの比類のない辛さがヨーロッパ人の経験したことがないほどのものであったことから、ヨーロッパ人は、そのような植物に対して警戒心をいだかなかったのであろうかという疑問である。実際、一五五四年に刊行された植物誌のなかでフランドル（フランス北端部からベルギー南部にかけての地域）人の医師であったロンベール・ドードンスは、とうがらしを「犬に食べさせたら死ぬだろう」と警告している。[3]これは、おそらくフランドル地方ではトウガラシの比類のない辛さが警戒されたことを物語るのであろう。

ちなみに、ヨーロッパではやはりアメリカ大陸からもたらされたトマトやジャガイモも、「毒がある」とか、「食べると病気になる」などの偏見があり、なかなか普及しなかった。たとえば、ジャガイモは現在ドイツで国民食といえるほどの位置を占めているが、同国でジャガイモが広く普及したのは十九世紀も半ばになってからのことだったのである。

おそらく、ヨーロッパではかつてトウガラシに対しても同じような偏見があったのではないか。それというのも、ヨーロッパ全体で見れば、トウガラシをさかんに利用する国はあまりないからだ。事実、わたしは二〇〇六年と二〇〇八年に、二度にわたりトウガラシやジャガイモなどの新大陸産作物のヨーロッパにおける普及ぶりを見てまわったことがあるが、ドイツ、オランダ、スイス、イギリス、アイルランドなどではトウガラシはほとんど使われていなかった。とくに、アイルランドでは一般家庭に二ヵ月ほどホームステイさせてもらったが、食事の単調さに閉口させられた。まったく料理にトウガラシが登場しなかったからである。

トウガラシ・アカデミー――イタリア

このようなヨーロッパで、例外的な地域がある。そのひとつの地域がイタリアである。このイタリアにどのようにしてトウガラシがもたらされたのかは明らかではないが、おそらくスペインから海路でイタリアにもたらされたのであろう。イタリアは地中海の真ん中に位置する国であるし、スペインもその地中海に面しているからである。その到来の時期は十六世紀末から十七世紀はじめごろと見られている。

イタリアにおけるトウガラシの利用法は、まず最初は種子と粉々にすりつぶした皮を小麦粉と混ぜ、トウガラシ入りパンやパスタをつくる、という具合であったそうだ。また、「一七〇五年には、イエズス会士のコッレージョの料理人にして食料買い出し係でもあったフランチェスコ・ガウンデンティオが、トウガラシは（肉・内臓入りの）シチュー、煮込み料理によいと勧めた書物を書き、それがきっかけとなって、イタリア中で、広く栽培、消費されるようになったそうだ。[4]

しかし、イタリアで聞いたところによれば、現在トウガラシはイタリア南部で利用がさか

んだが、北部地方ではさほどでもないといわれる。その一因は、気候に関係があるかもしれない。というのも、イタリアは南北に長い国であり、北部は緯度も高度も高くて一般に気温が低いので、そこではトウガラシの栽培が容易ではないと考えられるからである。

このイタリアで、とりわけトウガラシ利用で有名なところが、南部のカラブリア地方である。カラブリアは、長靴型をしたイタリア半島の爪先《つまさき》にあたる地域に位置する。ローマからイタリア半島の先端部にあたるレッジョ・ディ・カラブリアまでは約五〇〇キロ、日本では大阪から東京くらいの距離にあたる。カラブリア行きの電車は、地中海を眺めながら海岸線を走ってゆくが、線路わきからオリーブ畑が見られ、地中海らしい乾燥した気候を感じることができるような環境である。

二〇一三年九月、このトウガラシ利用で有名なカラブリア地方を訪ねた。同行者は、伊日文化財団の通訳、ジャコモ・ベルヴェルシさん。専門学校時代まで日本で過ごした若者なので日本語に不自由しない。しかも日本のテレビ局のガイドをしているので、情報集めも上手だ。そのジャコモさんとレッジョ・ディ・カラブリアの町に滞在していたとき、面白い情報をよせてくれた。電車でローマ方面に二、三時間戻ったところにある小さな町、ディアマンテにトウガラシのアカデミーがあるというのだ。

「トウガラシのアカデミー!?」とわたしは疑問に思った。しかし、旅先で確認できず、早速わたしはホテルを引き払い、翌日ディアマンテに向かった。到着したディアマンテは、地中海の海辺に沿った小さな町だった。人口は約五〇〇〇人ほどだという。ただし、避寒のためのリゾート地になっているらしく、夏のシーズンには人口が二〇万人にふくれあがるそうだ。

図3—3　イタリア・トウガラシ・アカデミーのロゴマーク

トウガラシ・アカデミーのオフィスは町の中心部にあった。正式な名称は、「アカデミア・イタリアーナ・デル・ペペロンチーノ」だった（図3―3）。ペペロンチーノは、イタリア語でトウガラシのこと。イタリア語でペペはコショウのことなので、それに由来した名称なのであろう。

アカデミーでは所長のエンツォ・モナコ氏が対応してくれた。彼は七十二歳だというが、そんな年を感じさせないほど若々しく、快活な男性であった。そして、トウガラシを求めてはるばる日本からカラブリアまでやって来たわたしを歓迎してくれ、「できることなら何でも手伝うよ」といってくれた。そこで、わたしは早速彼にインタビューさせてもらうことにした。

まずは、トウガラシのアカデミーとは何なのか、それから聞くことにした。しかし、エンツォさんは「まあ、待って下さい。時間はたっぷりあるでしょう。ゆっくりと話しましょう」といって、彼がそもそもトウガラシに関心をもつようになったきっかけから話しはじめた。

「わたしもカラブリア生まれですが、もともとは高校の先生をしていました。そのあとジャーナリストに方向転換したんですが、トウガラシに本格的に取り組むようになったのは、一九九二年のことでした。一九九二年は、コロンブスがアメリカ大陸を「発見」してからちょうど五〇〇年だったので、イタリアでもさまざまなイベントがありました。そのなかでカラブリアでは、「辛い五〇〇年」というイベントをやることにしたのです。もともと、わたしは食べるのが趣味ですし、イタリアでカラブリアといえばトウガラシが連想されるほど、トウガラシはカラブリアのシンボルですから」

エンツォさんは笑みを浮かべながら「そこからわたしのトウガラシ人生が始まったんですよ」といって、アカデミーについても話しだした。

「アカデミーは、全国に会員が三〇〇〇人もいます。年会費はひとり六〇ユーロ（約八〇〇〇円）です。そのかわり、会員には毎年トウガラシの育て方や品種について説明した本を送っています。この本には、付録として、当アカデミーが推薦しているトウガラシの種子をつけています。もっといろいろなトウガラシをイタリア中で栽培してもらおうと願ってのことです。そのため、イタリアの各地に九〇ヵ所の支部もあります。そうそうイタリアだけでなくて、東京にも支部がありますよ」

聞いてみると、東京にはカラブリア料理のレストランがあり、そこがアカデミーの支部になっているそうだ。ちなみに、支部で仕事をする人たちはすべてボランティアである。このような支部の活動もあり、これまであまりトウガラシを使わなかったイタリア北部でも次第にトウガラシ栽培が普及するようになってきたらしい。とくに、ローマの北にあるトスカーナ地方には三〇人ものボランティアがおり、アカデミーの普及活動に協力しているそうだ。

「一体、彼らは、なぜ、そんなにトウガラシに情熱を燃やすのだろうか」とわたしが考えていると、エンツォさんは「ぜひ、お見せしたいものがある」といって突然立ち上がった。向かう先は、トウガラシの博物館であった。やはりボランティアの人たちによって維持、管理されている博物館で、町はずれにあるという。もちろん、わたしは喜んで、エンツォさんが運転する車で博物館に向かった。博物館は、町をはずれて、しばらく山道を走った高台にある集落の一角にあった。それは決して大きいとはいえない博物館だが手作り感にあふれ、展示も情熱が感じられるものであった。トウガラシの伝播《でんぱ》ルートを示した地図やトウガラシの植物学的な分類方法などを説明した図などとともに、トウガラシをテーマにした写真や絵も壁面いっぱいに展示されていた。さらに、鉢植えに何種類かのトウガラシ標本やトウガラシをベースにした加工商品の数々もあった。

カラブリア名物のトウガラシ料理

翌日もエンツォさんの手配で、あちこちを見学することができた。まず、アカデミーが世界各地から集めたトウガラシのコレクションを見せてもらった。それはかなり大きな温室のなかで、鉢植えにされていた。ざっと見て一〇〇鉢くらいであろうか。そのなかにはアンデス特産のロコトの名前で知られるトウガラシもあった。トウガラシの花はふつう白色である

写真3—1　ハバネーロのビン詰め作業

が、ロコトだけは紫色の花をつけるので、容易に区別できるのだ。まさかアンデス特産のトウガラシをイタリアで見ることができるとは思っていなかっただけに、わたしは驚き、感動した。また、大学の研究室でもないのに、アマチュアの人たちが世界各地からトウガラシのさまざまな品種を集め、それらを栽培していることにも感動した。

温室を見たあとに向かったのは、トウガラシの加工工場だった。工場とはいっても家内工業的なもので、働いている人も数人だけの小規模なもの。そこでは、ちょうどトウガラシのビン詰め作業中だった。そのトウガラシはどこかで見た記憶があったので聞いてみたらハバネーロだった（写真3—1）。ハバネーロは辛いけれど、香りがよく、味もよいトウガラシで有名だ。これを水洗いし、塩をまぶしたあと二四時間放置する。これは食中毒を引き起こすボツリヌス菌を殺菌するためなのだそうだ。このあと、ハバネーロをビン詰めにし、酢を入れれば完成だ。

工場の隣は観光客用の売店になっており、そこの壁際の棚にはトウガラシを使ったさまざまな商品が並んでいる。トウガラシ入り石鹸《せっけん》やトウガラシ入りリキュール、トウガラシ入り

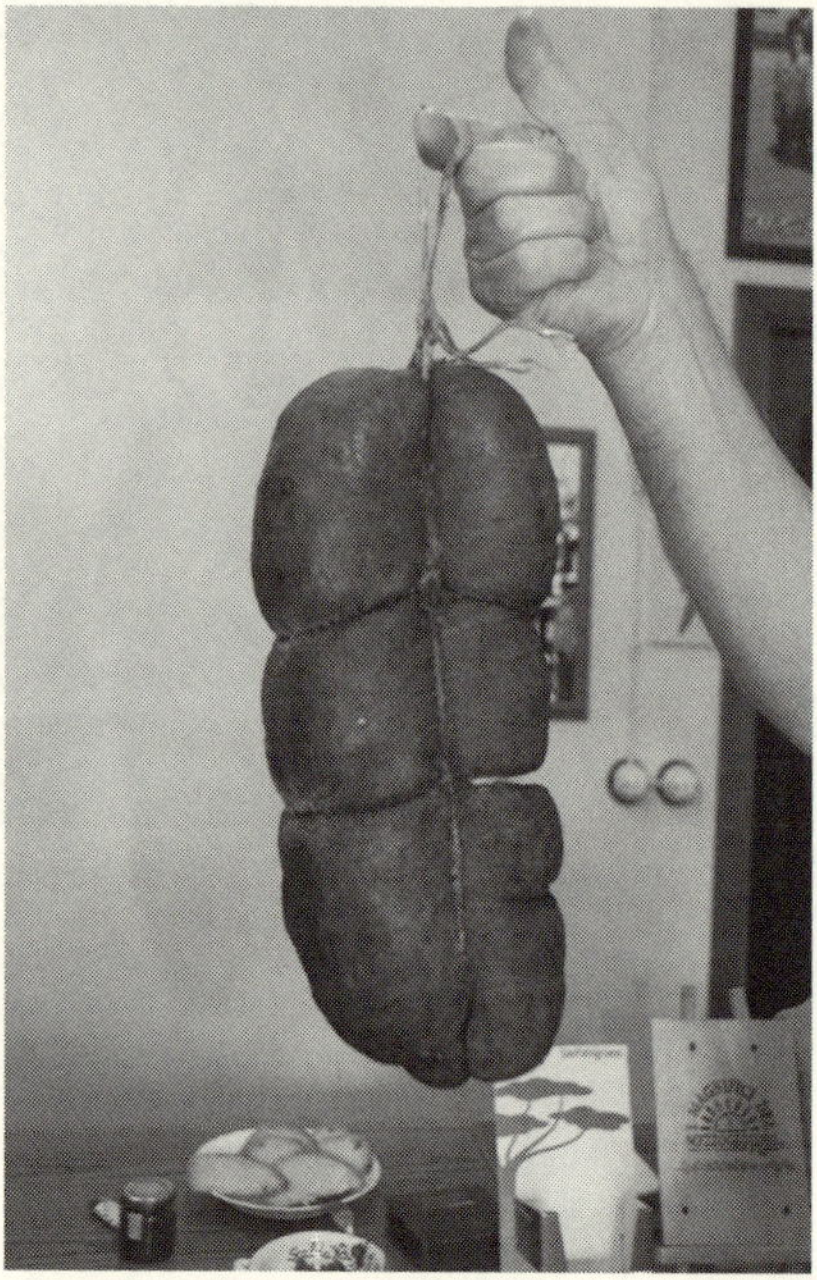

写真３―２　カラブリア名物ンドゥイヤ。トウガラシの辛い腸詰め

チョコレート、トウガラシのソースなどなど、こんなものにまでトウガラシを入れているのかと驚いたほどだ。このうちのひとつを取り出した店の主人は「味わってみて下さい」といって、手渡してくれた。カラブリア地方でトウガラシを利用したもっとも代表的な料理のンドゥイヤであった（写真3—2）。

ンドゥイヤは、簡単にいえば肉の腸詰めのことだが、トウガラシもたっぷり入っていて辛くて有名だ。これを食べるときは、腸詰めの一部を皿の上にのせ、それをキャンドルの火で温める。熱すぎてもダメだし、ぬるくてもおいしくない。脂肪が溶けたときが食べごろだ。クリーム状なのでパンにぬったり、パスタに入れて食べることもある。

もうひとつ、カラブリアで有名なトウガラシ料理がある。サルデッラだ。これはアンチョビー・鰯《いわし》の稚魚（シラス）を塩・トウガラシと地中海原産のフェンネル（ウイキョウ）に漬け込んでつくられる。柔らかでデリケートな味だが、やはり辛い。ただし、最近、鰯が少なくなり、禁漁となったため、シラスは中国から輸入しているが、それでもサルデッラを目にする機会は減ってきているそうだ。

カラブリアのなかでも、カタンツァーロ地方だけで食されているトウガラシ料理もある。モルゼッロ（ムルセッドゥ）だ。わたしは残念ながらカタンツァーロまで行くことはできなかったが、モルゼッロには多くのバリエーションがあるそうで、イタリア研究者の池上俊一氏によれば、代表的なもののつくり方は次のとおり。

子牛の内臓を洗って湯通しする。その作業が終わりにさしかかったころ、鍋《なべ》にたっぷりオリーブ油を注ぎ、そこに内臓を少しずつ入れていく。さらに塩、オレガノ、ローリエ、細切りにしたトウガラシを加えていき、数分炒《いた》めて、その後、全部を覆うくらい水を注ぐ。沸騰し始めたら、濃縮トマトを加え、とろ火で一時間三〇分くらい煮詰める。スープがちょうどよい具合に濃縮されたら出来上がり[5]。

こうして見ると、ンドゥイヤもモルゼッロも肉や内臓を使っていることからトウガラシはその臭みをとるために使われているのかもしれない。また、これには南イタリアの貧しさも関係しているのかもしれない。じつは、イタリアのなかで南イタリアはもっとも貧しく、そのせいでマフィアが暗躍したり、治安も悪いことで知られているのだ。そのような貧しさのなかで、残りものの内臓などを使うトウガラシ料理も生まれたのではなかったかと考えられるのだ。

パプリカの故郷——ハンガリー

東欧の小国、ハンガリー。「ドナウの真珠」と呼ばれるほど美しい国だ。とくに、首都のブダペストの中心をとうとうと流れるドナウ川とその左右の街並みは、ことのほか美しい。しかし、ハンガリーは日本ではほとんど知られていない国ではないだろうか。まして、スーパーマーケットなどでふつうに見られる、パプリカの原産地であることを知る日本人はほとんどいないいかもしれない。

写真3—3　ハンガリー特産のパプリカとハンガリーの女性（ハンガリー・セゲド）

パプリカは、赤色や黄色のピーマンのような大型のトウガラシだが、ハンガリーで生み出された品種にほかならない（写真3—3）。そして、このパプリカがハンガリーで栽培されるようになるまでにも、やはりさまざまなドラマがあったようだ。わたし自身もハンガリーのトウガラシについては疑問に思っていたことがある。それは、ハンガリーではパプリカがトウガラシ栽培の北限といえるほどの高緯度地方で栽培されている理由である。

これを知るためには、トウガラシがハンガリーに導入された歴史を探ってみる必要がある。ハンガリー研究者の渡邊昭子氏によれば、「トウガラシは二方向からハンガリーにやってきたらしい。最初は西方から。すでに十六世紀に植物収集家のネットワークを伝わってきている[6]」という。そして、トウガラシは「インド胡椒」「トルコ胡椒」「赤いトルコ胡椒」などと呼ばれ、珍しい植物として大貴族や知識人に観賞されたそうだ。そのなごりか、ハンガリーや隣国のオーストリアなどでは鉢植えにされたトウガラシが、家の窓などに置かれ観賞用となっている光景をしばしば目にする。

それでは、ここでいう西方とはどこだろうか。おそらく、スペインのことであろう。それというのも、十六世紀ころ、スペインとハンガリーは密接な関係をもっていたからである。そもそも新大陸「発見」の原動力となったのは、ハプスブルク家が支配していたスペインであった。このハプスブルク家は中世以来ヨーロッパでもっとも重要な由緒ある名門の王家で、一〇二〇年にはスイス北部にハプスブルク城を築いた。その後、相続争いを繰り返した時期もあったが、次々に家領を拡大していった。そして、ハンガリーの西側の隣国であるオーストリアはハプスブルク家の本拠というべきところであり、オスマン帝国第一〇代君主のスレイマン大帝によって滅ぼされたハンガリーの最後の国王は、ハプスブルク家と姻戚《いんせき》関係にあった。このような状況を考えれば、大西洋に面したスペインから西欧世界の東南端にあるハンガリーにトウガラシが比較的早くもたらされたことも不思議ではないのかもしれない。[7]

さて、食用としての普及は南から、すなわちオスマン帝国経由といわれる。この点については有名な伝説がある。それを近刊の『スパイスの歴史』(二〇一四) から引用してみよう。

十七世紀、ハンガリーの首都ブダペストを含む東ヨーロッパ一帯はオスマン帝国に支配されていた。伝説によると、メフメットというトルコのパシャ (高級官吏) がハンガリーの美しい水汲《みずく》み娘を見初めて、自分のハレムに連れ去った。パシャの庭園に閉じ込められた娘は、あらゆる種類の植物に親しむようになった。その中に大きな赤い実をつけるつる性植物があり、トルコ人たちはその実を挽《ひ》いて粉にして料理のアクセントにしていた。娘はこんなにおいしいものを食べたことがなかったので、こっそり種を集めた。ハレムにはパシャが非常事態に備えて掘らせていた秘密の抜け穴があり、娘は毎夜その抜け穴を通って、恋仲だった農民の少年と密会していた。あるとき娘が少年に種を渡し、少年が種をまくと、一年後、ブダペストの町と近郊の農村部にパプリカが生えた。それからハンガリー人はこのあたらしいスパイスを利用するようになったという。その後トルコ人たちはハンガリーを追われたが、パプリカは国を代表するスパイスになった[8]。

ここでも述べられているように、かつてハンガリーの大半は、今日のトルコ共和国の前身であるオスマン帝国の領土だった。

このような歴史的な流れから見れば、トウガラシがトルコからもたらされたという説にも納得がゆく。そして、それゆえにハンガリーでは、トウガラシが「トルコ胡椒」「赤いトルコ胡椒」などと呼ばれるようになったのであろう。だが、気温の低い高緯度地方であるハンガリーでトウガラシが栽培される理由はいまだわからない。この疑問に、香辛料の研究者である吉田よし子氏は次のようなヒントを述べている。

トウガラシを食べていると、野菜がほとんどなくなる冬でも、身体の調子がよいことに最初に気がついたのは、おそらく長く厳しい冬を貧しい食事で耐え抜かねばならなかった農民たちであっただろう。そしてより多くのトウガラシを食べるために、より辛さの少ないトウガラシが選別されていって、現在の穏やかなパプリカになったのではないだろうか[9]。

これは「なるほど」と納得できる説である。

パプリカ博物館

それでは、現在、トウガラシはハンガリーでどのように栽培され、利用されているのだろうか。それを知るために、わたしはハンガリーに向かうことにした。二〇一三年九月のことである。日本で得た情報によれば、ハンガリーにおけるパプリカ生産の中心はハンガリー平原で、とくに有名なのがセゲドとカロチャの町の周辺だそうだ。そこで、まず向かったのはカロチャであった。ここには、トウガラシの博物館があり、しかも九月にはトウガラシの収穫祭もあると聞いていたからである。

カロチャは、ブダペストからバスでハンガリー平原を南下してゆく。平原には、行けども行けどもヒマワリとトウモロコシ畑が広がっている。ときどき、町中を通過するが、町はいずれも小さい。聞いたところによれば、ハンガリーの人口は減少の一途をたどっているそうだ。国土の面積は、日本の約四分の一の九万平方キロメートルあまりだが、人口は日本の一〇分の一以下の一〇〇〇万人足らずである。カロチャはブダペストからバスで約三時間の距離にあったが、やはり小さな町であった。

カロチャでわたしが泊まる予定のホテルは町はずれにあり、その近くにパプリカの畑もあった。収穫が間近らしく、その実は真っ赤であったが、それは予想していたのとはかなり違っていた。日本のスーパーなどで売られているパプリカは大人のこぶしほど大きいが、カロ

写真3—4　ハンガリーのパプリカ。日本で見るパプリカよりほっそりしている

写真3—5　カロチャのパプリカ博物館内部

チャのパプリカはそれより二まわりほど小さく、またほっそりとしていたのだ（写真3—4）。念のため、帰国してから大阪の自宅近くにあるスーパーのパプリカを見たら、それは韓国産であった。おそらく、ハンガリーから世界各地にパプリカが広がるなかで、世界各地で育種され、新たなパプリカの品種が生み出されているのだろう。

カロチャで最初に向かったのは、パプリカ博物館であった（写真3—5）。何よりも見たいと思っていたものだったからだ。この博物館では驚いたことがある。それは、この小さなカロチャの町に二つもパプリカ栽培の博物館があったことだ。さすがに、パプリカ栽培の中心地だけのことはあるとわたしは感心したものだ。そこにはパプリカの栽培に使われる農具やパプリカの粉末をつくるための加工用道具、さらにかつてパプリカの収穫に使われていた道具などが展示されていた。期待していた収穫祭のほうは、町の目ぬき通りに雑貨屋などの店ばかりが並び、パプリカを売る店は一軒しかなく、これは期待はずれだった。

そこで、わたしはカロチャを去り、いったんブダペストに戻ったあと、今度はセゲドに向かった。先述したように、セゲドもカロチャとともにパプリカ栽培の中心地として有名だからである。セゲドもバスでハンガリー平原を南下すること二時間半ほどの距離にあったが、カロチャと違って大きな都市であった。それもそのはず、セゲドはルーマニアとセルビアの国境に近く、十一〜十二世紀には地の利を活《い》かした塩貿易で発展した町なのである。現在は、ブダペストからバス便だけでなく、電車も通じているし、大学まである。

ノーベル賞を生んだパプリカ

セゲドもわたしにとって初めての土地であったが、その名前だけは以前から本などで知っていた。それというのも、トウガラシの薬としての価値を科学的に証明したのがセゲド医科大学の教授であったアルベルト・セント゠ジェルジ博士であり、その功績により、彼は一九三七年のノーベル生理学・医学賞を受賞していたからである（写真3—6）。そして、この受賞のきっかけとなったアスコルビン酸（ビタミンC）がパプリカから偶然に発見されたものだったのである。これは有名な話であり、アマール・ナージも『トウガラシの文化誌』のなかで詳しく紹介している。ここでは、それをもとに説明しよう[10]。

もともとセント＝ジェルジ博士が興味をもっていたのは、腎臓《じんぞう》の上にある副腎《ふくじん》の働きであった。副腎は生命の維持に大切な臓器で、これが障害を受けるとアディソン病（副腎皮質不全）を引き起こす。この病気になると、皮膚の色が青銅色にかわり、貧血症状もあらわれる。同じような症状は、植物がその呼吸システムを傷めたときにも見られるので、そのような植物の呼吸システムに注目したのだ。そして、植物からその生命維持に関係のありそうな物質を分離し、博士はこの物質をヘキスロン酸と名づけ、同じ物質を動物の副腎にも見つけたのだった。

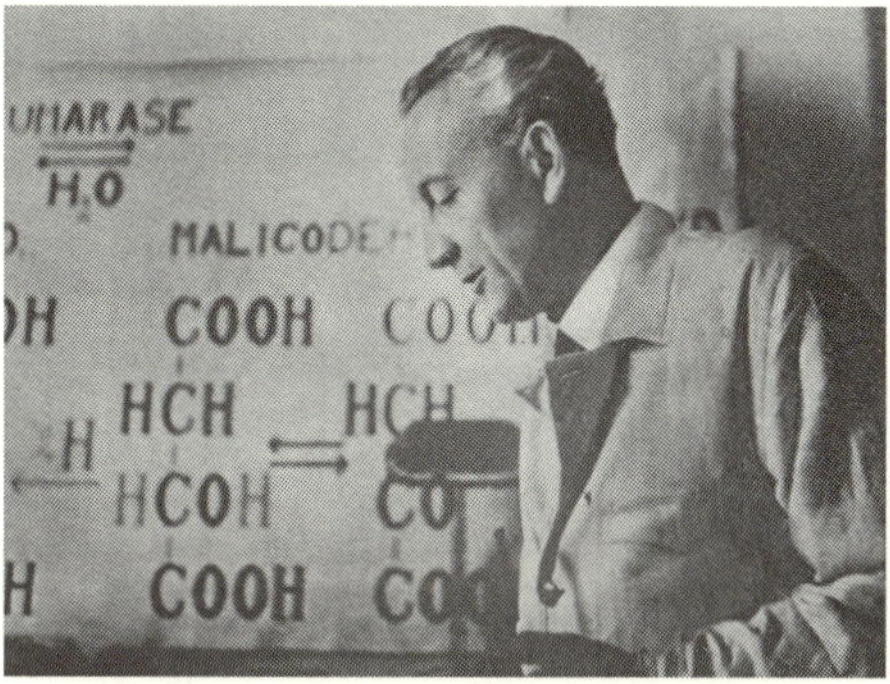

写真３―６　セント＝ジェルジ博士。カロチャのパプリカ博物館に展示されていた写真

ところが、ヘキスロン酸の研究をさらに推し進めるためには、この物質がもっと大量に必要だった。しかし、この物質を植物や動物から集めることができる量は非常に少なく、とくに植物から分離するこ

とはとても難しかった。そこで、博士はアメリカへ渡り、家畜の副腎を集め、その物質を抽出することにした。それで抽出できたヘキスロン酸はわずかであったが、博士はアメリカ人の共同研究者とともに、その化学構造の解明に成功した。こうして、それは壊血病（scorbutic disease）の治療に有効なビタミンCそれ自体であることがわかったので、アスコルビン（a-scorbic）酸と呼ばれるようになったのである。

この発見によって、ビタミンCの分離が最重要課題となった。それまでは世界中の科学者による試みがほとんど失敗に終わっていたからである。彼らはこの物質を柑橘《かんきつ》類の果実から分離していたが、抽出したビタミンCは簡単に酸化し、化学分析をしている間に消失してしまうほどだった。それでも科学者たちは、やみくもに柑橘類の果実を追い求めつづけていた。柑橘類に含まれる物質が、当時、とても恐れられていた壊血病を治すと考えられていたからだ。

ちなみに、それまでイギリス海軍は、壊血病の予防のために柑橘類の一種のライムを大量に積み込んで航海に出て、水兵にライムジュースを飲ませていた。このことから、イギリス軍の水兵やイギリス人は、ライムに由来するライミー（ライム野郎）と呼ばれるようになったのである。

セント＝ジェルジ博士も、はじめのうちは柑橘類の果実や野菜からビタミンCを抽出しようとしていたが、彼が期待するほどの量はやはり得られなかった。こうして、博士はこの物質の分離を断念する気になりかけていた。

そんなある日の夜のことだった。博士の奥さんがパプリカ料理をつくってくれた。ハンガリーでは、パプリカが多くの家庭の日常的な食材なのである。パプリカの産地として有名なハンガリーのなかでも、とりわけ博士の家や仕事場のあるセゲドの町はパプリカ栽培の中心地だった。この国では、甘みがあり、刺激の弱いパプリカは料理の主菜や副菜に丸ごと登場するし、レストランのテーブルの上にも容器に入れた塩とパプリカの粉末が置いてあるのがふつうなのだ。

しかし、博士はハンガリー人でありながら、パプリカがとくに好きというわけではなかった。ただ、奥さんを失望させたくなかったので、その日の夕食を自宅に隣接している実験室に運び、そこで食べることにしたのである。そのとき、博士はあることに気がついた。それは、パプリカに含まれている化合物はまだ分離のテストをしていないことだった。そこで、博士は、そのテストをおこなったが、結果は驚くべきものだった。

当時、ビタミンCをもっとも豊富に含むと考えられていたのはオレンジやレモンだったが、博士のテストによれば、ハンガリーのパプリカはオレンジやレモンの五〜六倍もの多量のビタミンCを含んでいることがわかったのである。ビタミンCがこのように多く、しかも低コストでつくられたのは初めてのことであり、この大きな成果によって博士は国民的な英雄となった。

じつは、トウガラシはビタミンC以外にも重要なビタミンを含んでいる。たとえばビタミンAがそうである。カロテンもまたトウガラシにたくさん含まれている。カロテンを摂取すると肝臓でビタミンAに変換される。このビタミンAは体細胞の正常な成長に重要である。さらに、トウガラシにはビタミンPも非常に大量に含まれている。これもまた今日、毛細血管壁の維持に重要な作用をする生体フラボン類であることが知られている。ちなみに、この新しいビタミンPの発見者も、セント＝ジェルジ博士の同僚で彼の研究に協力した科学者のひとりである。

辛いトウガラシと辛くないトウガラシ

パプリカは辛くない、むしろ甘いと思っていたが、実際には辛いパプリカもある。セゲドにある「サラミとパプリカの博物館」には両方のパプリカが展示してあるが、一見したところ見分けがつかない。わたしの想像では、ハンガリーのパプリカももともとは辛かったのではないかと思われるふしがある。たとえば十八世紀前半に書かれた地方誌のなかには「ハンガリー胡椒はとても辛く、目に入ると失明するほどである」という記述が見られる。また、

「かつて収穫の時期には、何百人もの女性が山積みにされたトウガラシの前にすわり、辛さをやわらげるため、辛み成分の集中している胎座を取り除く作業を行なった」という。[11]

当時、この辛みをとる作業は大変だったようだ。一九三六年に、ハンガリーの作家モーリツがセゲド近郊で出会った次のような光景を描いている。村の中心に井戸があり、その横にコンクリートの水槽がある。そこで一〇人くらいの若者が、大きな袋に入ったパプリカの種子を踏んでいる。冗談交じりの会話からは、夜眠れないほど足が痛くなることや、水槽があくのを並んで待たねばならないこと、井戸水は凍らないので寒い冬にもこの作業がつづくことなど、決して楽な仕事ではなかったことが伝わってくる。[12]

しかし、やがてこの苦痛に満ちた作業から解放されるときがやってくる。十九世紀後半のこと、それはセゲドで始まった。鍛冶屋《かじや》出身のパーフィル兄弟が鋼鉄のロールを使ってパプリカのための蒸気製粉機をつくり、パプリカ・パウダーを大量生産する道をひらいたのだ。さらに、製粉する前のパプリカをナイフでひらいて種子と胎座を取り除き、辛くないパプリカをつくる工程を開発し特許も得た。

その後一九四五年、農学者のオベル・マイヤーが二五年間にわたる選択と交配ののち辛みの少ないマイルドな性質のトウガラシを育成した。こうして、セゲドはパプリカの一大生産地となり、パプリカ・パウダーは鉄道によって首都ブダペストへ、ハンガリー各地へ、ウィ

写真3—7　ハンガリーの国民的料理グヤーシュ

ーンへ、そしてヨーロッパ各地にも輸出されるようになったのである。

グヤーシュ

ハンガリーの代表的な料理は何だろうか。やはりパプリカが使われているのだろうか。そのとおり。パプリカぬきのハンガリー料理は考えられないほどだ。実際に、面白い調査結果がある。一九九〇年に、「ハンガリーのシンボル料理は何か」というアンケート調査がおこなわれた。それによれば一位はパプリカを使ったグヤーシュであった（写真3—7）。上位三位にグヤーシュをあげた人は六四パーセントにのぼった。二位はハラースレーで四四パーセント。これは漁師汁の意味で、やはりパプリカ味の川魚のスープである。三位がロールキャベツのテルテット・カーポスタで四〇パーセント。これは発酵した酸味のあるキャベツを使っているが、やはりパプリカで味をつける。[13]

では、一位のグヤーシュとはどのような料理なのか。簡単にいえば、パプリカとタマネギを入れたラードを使い、小さく切って加熱した牛肉とジャガイモでつくられる料理、またはそのスープのことである。このスープは真っ赤な色をしているが、みかけほどには辛くない。これは川魚のスープのハラースレーもわたしは食べてみたが、これもやはりさほど辛くない。これらのことから見て、ハンガリーのパプリカは、辛みよりも、主として色づけと風味のために使われているようだ。このほかにも、パプリカを使った料理はいくつもある。たとえば、パプリカーシュは、その名のとおり「パプリカの」というハンガリー語で、パプリカ粉で味付けをした料理のことだ。

このように、ハンガリー料理に不可欠となったパプリカにも、いろいろな種類がある。ピーマンに似た生のパプリカのなかでは、肉厚でジューシーでレモン色のものが一般的で、辛いものも辛くないものもある。生でも食べるし、料理にも使う。タマネギとトマトと一緒に煮込んだレチョー、豚のひき肉と米を詰めてトマト・ソースで煮込んだテルットト・パプリカなどは家庭料理の定番である。丸くて辛いパプリカは酢漬けにする。乾燥させた赤いトウガラシもパプリカなら、これを粉に挽いた香辛料もパプリカである。香辛料のパプリカは、材料を炒めたあと、煮込む前に鍋をいったん火からおろしてたっぷり混ぜると、色と香りがもっと引き立つそうだ。

ところで、このパプリカ料理、なかでもグヤーシュはハンガリーでいつごろから普及するようになったのだろうか。意外に、その歴史は新しいようだ。文献などによれば、今でいうハンガリー料理が成立したのは、十九世紀後半から二十世紀にかけてであるとされる。先述したように、辛くないパプリカが出現したのはこのころのことなので、それが人気を得て、それと軌を一にして、パプリカが普及していったのかもしれない。さらに、料理の本も普及するようになり、地方料理や創作料理も本を通じて各地に広まっていったことも考えられる。

そもそもグヤーシュが登場する以前のハンガリー料理といえば、キャベツ料理であった。十七世紀には、発酵させたキャベツと肉でつくった料理がハンガリー国の紋章だという記述さえ見られたほどだった。一方のグヤーシュは大平原の牛飼いの食事だった。それに農民がパプリカを加えて日常的に食べるようになり、さらにそれを貴族がハンガリーのシンボルとして取り上げ、受け入れていったそうだ。農民が食べる機会も変化し、日常料理から結婚披露宴の定番へと地位の上昇を果たすようになったのである。

こうして、パプリカを使ったグヤーシュはハンガリーのシンボル料理となったのであった。そんなハンガリーの諺《ことわざ》をひとつ紹介しておこう。

「名声を欲する人もいれば、富を望む人もいる。しかし、グヤーシュはすべての人が切望する」

ちなみにグヤーシュは今ではハンガリーだけでなく、隣国のオーストリアはもちろん、ドイツやイギリス、ロシアなどでも普及している。わたしもオーストリアに滞在していたとき、しばしばグヤーシュを食べたものである。ただし、グヤーシュの料理は各地で現地化し、名称もドイツやオーストリアではグーラッシュ、イギリスでグーラーシュ、ロシアでグリャーシュなどと呼ばれている。

第四章
奴隷制が変えた食文化
—アフリカ

奴隷貿易で新大陸へ「輸出」されるため、一つの鎖につながれ裸のまま海岸へ連行される黒人たち。前後にいるのはアラブの交易商人

ポルトガル人の貢献

本書の冒頭で、トウガラシがコロンブスたちによって初めて「発見」され、その翌年の一四九三年にスペインに持ち帰られたことを述べた。では、トウガラシはスペインからスペイン人たちによって世界中に広められたのであろうか。どうも、そうではなさそうである。とくに、アフリカやインドなどのトウガラシの導入はいささか複雑な道すじをたどったようである。その背景には、当時、世界が大航海時代を迎えていたという事情がある。

実際に、コロンブスによる新大陸発見から五年後の一四九七年、もうひとつの画期的な大航海があった。ポルトガル人のヴァスコ・ダ・ガマによるヨーロッパからアフリカ南岸を経てインドへいたる航路の発見である。ポルトガルは、それまでにも一四〇〇年代におこなった探検によってアフリカの西海岸と東海岸の両方に足場を築いていたのだ。

一五〇〇年、新航路発見を受けてポルトガルは、ペドロ・アルヴァレス・カブラルを司令官とする一三隻の艦隊をインドへ出港させた。このとき、思わぬことが起こった。アフリカを南下中にどんどん南西への航路をとったため、意図しないで現在のブラジル東部に到達したのだ。そこは、現在レシフェとして知られるペルナンブコで、のちに交易の拠点となったところである。

じつは、このときペルナンブコでポルトガル人たちはトウガラシに初めて出会い、ブラジルからインドへ運んだ可能性もある。事実、トウガラシ栽培は、十六世紀初期には早くもインド方面に普及していたとする説がある。また、当初、トウガラシはインド・ペッパーとかカリカット・ペッパー（カリカットはインド西海岸にある都市名で、現コジコード）と呼ばれていて、インドとの密接な関係を示唆する。

たとえば、一五四三年に『植物誌』を刊行したレオンハルト・フックスはその著書のなかで、「カリカット・ペッパーの名で示されるトウガラシは、ほんの数年前にインドからドイツへ持ち込まれたもので、まだほとんど広がっていない」と述べている。一方、イギリスの植物学者ジョン・ジェラードはのちにトウガラシを西アフリカのギニアにちなんで「ギニー・ペッパー」と呼んでいる。

これらの呼称から見て、トウガラシは必ずしもヨーロッパを経由することなく、ポルトガル人の手によって、ブラジルから直接アジアやアフリカに伝わった別のルートもあったと考えられる。

では、アフリカにはトウガラシはどのようにして伝えられたのであろうか。カブラルたち一行がインドからポルトガルへ帰る途中にアフリカに立ち寄っているので、そのときトウガラシも運ばれた可能性がある。

奴隷制の開始

しかし、もっと大きな可能性をもつものがある。それは、アフリカとアメリカを強くむすびつけることになる奴隷制の開始である。そして、その発端になったものこそは、トウガラシとは逆にヨーロッパ人がアジアからアメリカに持ち込んだ作物のサトウキビである。そこで、少し脱線するが、サトウキビが果たした役割についても言及しておこう。

じつは、サトウキビは熱帯のニューギニアを故郷とする作物であり、緯度の高いヨーロッパでは栽培できない。そのため、中世のヨーロッパ人にとって砂糖はきわめて貴重なものであり、非常に高価なものであった。十五世紀、この状況が大きく変わる。ヨーロッパ人が海外に進出したことにより、その進出地でもサトウキビが栽培できるようになったからだ。

まず、ポルトガル人は西アフリカへの航海を繰り返すうちに、西アフリカの沖合に浮かぶマデイラ諸島やカーボベルデ諸島、ギニア湾にあるサントメ島など多くの島を根拠地とするようになった。これらの島でもサトウキビはよく育ったので、それまでの地中海産とは比較にならないほどの低コストでポルトガル人は砂糖を生産し、たちまち地中海産の砂糖を市場から駆逐してしまったのである。

スペイン人もまた、アフリカの西海岸の沖合にあるカナリア諸島でサトウキビを栽培するようになった。その後、コロンブスも第二次航海でサトウキビを船に積み込み、カリブ海にあるサント・ドミンゴ（現ドミニカ共和国）でアメリカ大陸で初めてのサトウキビ栽培を始めた。やがてサント・ドミンゴだけでなく、キューバやプエルトリコ、さらにジャマイカなどの大アンティル諸島にもスペイン人入植者たちは次々にサトウキビを持ち込み、その栽培を始めたのである。

最初のうち、スペイン人が主導権をにぎっていた砂糖生産であったが、やがてイギリスやフランス、オランダなどのヨーロッパ諸国も加わるようになる。なかでも、ポルトガル人は、一五二六年には現ブラジル北東部にあるペルナンブコからポルトガルに砂糖を送りだした。ペルナンブコは、先述したようにポルトガル人たちが初めてトウガラシを見つけた可能性のあるところだ。十六世紀末にはスペイン領での砂糖生産が衰退に向かうなかで、ポルトガル領ブラジルの砂糖生産が全盛期を迎えるようになり、一六二五年にポルトガルはほぼ全ヨーロッパにブラジル産の砂糖を供給するようになったのである。

このようなサトウキビ栽培や砂糖生産は、最初から大きな問題をかかえていた。それは、深刻な労働力の不足をどうするか、という問題である。ヨーロッパ人の侵略とともに先住民人口が激減していたからである。コロンブス一行に始まるヨーロッパ人との戦闘、それにつ

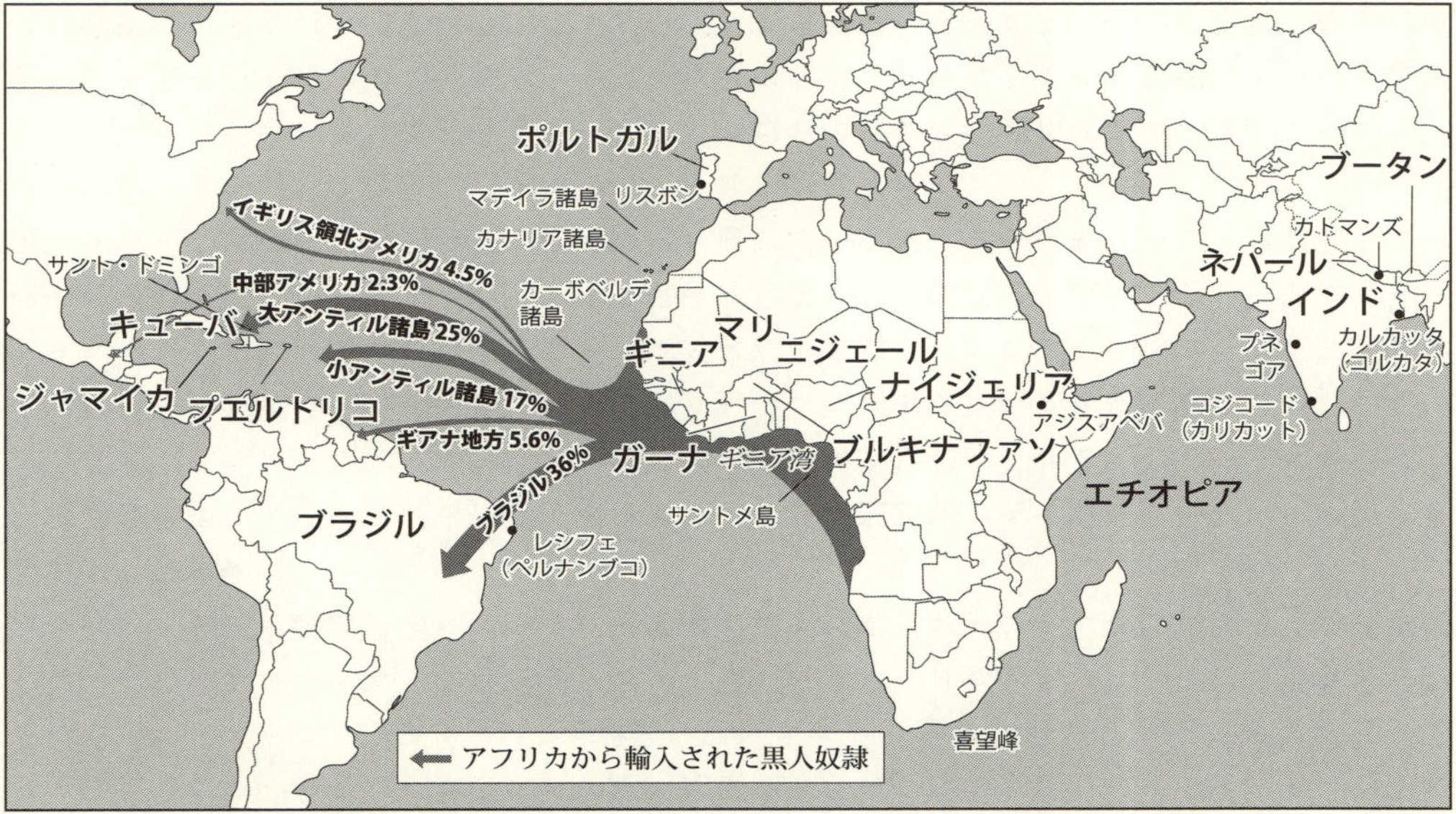

図4―1　大西洋奴隷貿易（15〜19世紀）。奴隷をとおしてアフリカと中南米の物流はさかんになった[1]

づく先住民の奴隷化や虐待の影響も小さくはなかったが、それよりも深刻な影響を与えたのがヨーロッパ人によってもたらされた疫病であった。とくに、天然痘、はしか、インフルエンザなどの病気が抵抗力をまったくもたない先住民をおそい、先住民人口は急激に減少していったのである。

そこで、ヨーロッパ人は不足する労働力をアフリカからの奴隷で補った（図4―1）。そのアフリカからの奴隷の連行は早くも一五〇三年には始まっていた（本章扉）。そして、砂糖ブームの到来とともにアフリカからの奴隷の連行数は急増するのである。現在のところ、もっとも信頼できるフィリップ・カーティンの研究によれば、一四五一年から一八七〇年までの四二〇年間にアフリカからアメリカ大陸に連行された奴隷は約九四〇万人にのぼったとされる。こうして、カリブ海の島々を含め、熱帯圏に位置する大西洋岸のラテンアメリカ各地にアフリカから多数の奴隷が運びこまれたのである。

密接な関係をもったアフリカとアメリカ

このように、アフリカの西海岸と南アメリカの東海岸は、十六世紀はじめから奴隷貿易を通して密接な関係をもつようになった。この関係は、人だけではなく、物の流れにも影響を与えたはずである。それを代表するものがトウモロコシである。アフリカへのトウモロコシの導入は一五〇〇年代のはじめには始まっていたらしい。そして、一五五〇年までには西アフリカで栽培されていたし、一五六一年までには東アフリカの海岸地帯にまでトウモロコシ栽培は拡大していたのである。

おそらく、初期の奴隷商人は帰路につくさい、アメリカ大陸からアフリカへトウモロコシを持ち帰ったのではないか。実際、西アフリカで最初に栽培されていたトウモロコシは安価な食料を奴隷に供給するためのものであったとされる。そして、このときトウモロコシだけでなく、トウガラシも一緒に運んできたのではなかったか、と考えられるのである。残念ながら、アフリカでのトウガラシの導入に関する歴史的記録はほとんどないので、これはあくまでわたしの推測である。

これは推測ではあるが、ひとつ傍証がある。それは、南アメリカの熱帯低地のもうひとつの主作物であるマニオク（キャッサバ）も一五五八年にはアフリカに導入されていたという記録があることだ。また、アフリカ海岸各地にある貿易港には、何度もマニオクが導入されたが、なかなか定着せず、一六〇〇年まではもっぱら奴隷船に食料を供給する目的で栽培されていたという記録もあるのだ。

つまり、奴隷商人たちは、トウモロコシだけでなく、マニオクもアメリカ大陸から運んでいたのである。トウモロコシもマニオクも中南米の熱帯低地の主作物であり、しばしばトウガラシを香辛料として利用している。この点を考えれば、トウモロコシやマニオクを運んで、トウガラシだけを運ばなかったとは考えにくいのである。

メレゲタ・ペッパー（「天国の粒」）

これまで見てきたように、トウガラシを原産地の中南米から世界の離れた場所にまで運んだのは、主としてポルトガル人だったようである。先述したように、彼らは一四〇〇年代におこなわれた探検でアフリカの西海岸と東海岸の両方に足場を築いていた。さらに、のちにはインドや東インド諸島まで航海して新しい貿易ルートをひらいていた。そして、そのルートを使って彼らは東洋から香辛料などの珍しい品々を輸入したのである。

このように遠くまで広くはりめぐらされた貿易網を使って、ポルトガル人は世界中から人間と商品を集めた。そして、そのなかには中南米産のトウガラシもあったと考えられるのだ。そのトウガラシをポルトガル船はアフリカの西海岸に運んだ。そして、トウガラシはアフリカの西海岸であたたかく迎え入れられたにちがいない。それというのも、現地では、ときに「ペッパー」と呼ばれる香辛料がすでに使われていて、人びとは辛さに慣れていたからである。

この「ペッパー」とは、インド産の黒コショウではなく、「グレインズ・オブ・パラダイス（天国の粒）」とも呼ばれる、ショウガ科の仲間で西アフリカ原産のメレゲタ・ペッパー（*Aframomum melengueta*）のことだ。これは西アフリカの海岸地帯に野生で分布し、その種子は香辛料として辛いシチューやソースに利用されていた。トウガラシがアフリカに伝わるとメレゲタ・ペッパーは次第に使われなくなったことからも明らかなように、メレゲタ・ペッパーはトウガラシに取ってかわられたのである。

西アフリカは、先述したように多くの奴隷がブラジルなどの中南米に強制的に連行されたところである。その奴隷の連行は一五〇〇年代前半に始まっていた。そして、一五〇〇年代前半には、トウガラシもまたサハラ砂漠以南のアフリカの多くの地域で栽培され食べられるようになっていた。実際に、現在も西アフリカのナイジェリアや、ニジェール、ガーナ、マリなどの国々ではトウガラシがさかんに利用されているのである。

この西アフリカで、現在、トウガラシがどれほど深く浸透しているか、それを物語る昔話をひとつ紹介しておこう。文化人類学者の川田順造氏が南部モシ（ブルキナファソ）で十歳の男の子から採録した、アフリカの昔話でおなじみの人気者、野ウサギが活躍する昔話である。

この昔話は、人間ではなく、さまざまな動物がトウガラシを食べ、例外なく辛さへの対応が《シー、ハー》という擬音語で面白く、そして身近なものとして表されているのだ。

ちなみに、東アフリカの共通語であるスワヒリ語では、トウガラシは《ピリピリ》と呼ばれ、こちらもトウガラシのヒリヒリする刺激的な感じがよく出ていて、一度聞いたら忘れることがなさそうだ。

王様に娘がいた。きれいな娘だったので、みんなもらいたがった。王様はトウガラシの入ったザルを置いて、こういった。「これを《シー、ハー》とやらずに全部食べた者がいたら、その者に娘をやろう」。

野ウサギは肩から袋をさげて王様のところへ出かけた。

ハイエナは、トウガラシをつまんでちょっと食べたが、《シー、ハー》。

ライオンも進み出て、トウガラシをつまんでちょっと食べたが、《シー、ハー》。みんな、次から次に《シー、ハー》。

野ウサギが進み出た。トウガラシをつまんで食べながら、「ハイエナどんは、《シー、ハー》ってやりましたね、でも私は《シー、ハー》なんてやって、嫁さんをもらいそこねたりはしませんよ。ライオンどんも《シー、ハー》ってやりましたね。でも私は《シー、ハー》なんてやって、嫁さんをもらいそこねたりはしませんよ」。

こうやって次々に真似《まね》をして《シー、ハー》とやりながら、すばやく脇《わき》にさげた袋にトウガラシをつかんで入れた。

「ゾウどんも《シー、ハー》ってやりましたね。でも私は《シー、ハー》なんてやって嫁さんをもらいそこねたりはしませんよ」。その間に走っていって、水も飲んだ。「サイチョウどんも《シー、ハー》ってやりましたね。でも私は《シー、ハー》なんてやって、嫁さんをもらいそこねたりはしませんよ」。

とうとう野ウサギは、トウガラシを全部食べてザルをからにした。そして王様の娘をもらった。お話おしまい、市もおしまい。[2]

激辛を好むエチオピア高地の人びと

このアフリカで、原産地のメキシコなどよりも大量にトウガラシを栽培し、利用している国がある。それが、アフリカ大陸の東端に位置するエチオピアだ。実際、エチオピアの市場に行くと、どこでも山積みにされたトウガラシが見られる。ときには、野天にトウガラシを広げて乾燥させている光景も見ることができる。ちなみに、その生産量は世界八位で、二〇〇七年の統計では一一・五万トンが販売され、時価にして三億四〇〇〇万米ドルの取引があったという。この量は、トウガラシの原産地のメキシコよりもはるかに多い（図4—2）。

だからといって、エチオピアがトウガラシの栽培に適した国だというわけではない。これ

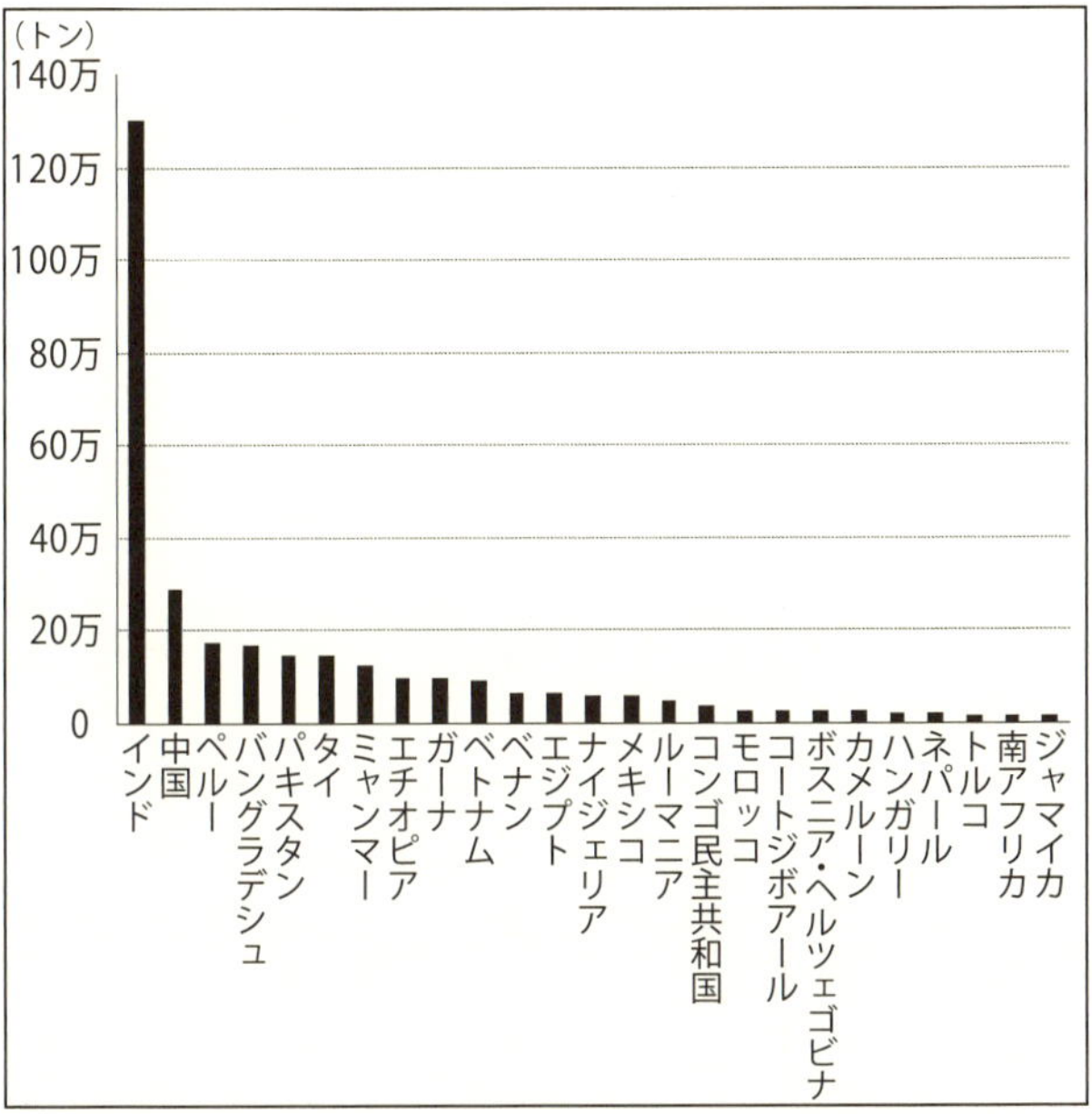

図4—2　トウガラシの生産量（FAO トウガラシ類・乾燥、2012年）

は、むしろ逆だ。よく知られているように、エチオピアの国土の大半は標高二〇〇〇メートルを超すアビシニア高原であり、そこの気候は冷涼で、トウガラシの栽培に適さない。わたしもエチオピアを訪れたとき、あちこちでトウガラシが大量に売られているのを見て、一体、これらのトウガラシはどこから運ばれてくるのだろうかと疑問に思ったものだ。この疑問は首都のアジスアベバ（標高約二四〇〇メートル）から南下してエチオピア南部を訪れたときに氷解した。エチオピアの南部地方は標高が低く、しかも緯度も低いため、熱帯降雨林地帯となっている。そして、その森林を切り開いて畑にしたところでは、アフリカ原産の雑穀であるモロコシなどとともにトウガラシも大量に栽培されていたのだ。

では、そのトウガラシはエチオピアではどのように利用されているのだろうか。トウガラシの利用について述べる前に、エチオピアの主食であるインジェラについて言及しておかなければならない。トウガラシは、インジェラを食べるときに欠かせないものだからである。

インジェラは、簡単にいえば、平たいパンのようなものである。インドのナン、あるいはクレープに似ている。しかし、味はかなり異なり、強い酸味を感じるものである。これは、インジェラが発酵した粉でつくられているからである。

インジェラは、材料も特異である。インジェラの材料は、エチオピアに栽培が限られるテフ（*Eragrostis tef*）と呼ばれるイネ科の穀類である。このテフの語源はエチオピア語の **téfa**（紛失）に関係し、これはテフの粒をひとたび落とすともはや探すことができない、それほど小さいことによるのだそうだ（写真4―1）。草丈は五〇～一五〇センチほどで、日本で雑草として生えている、ニワホコリに近縁の植物である。

このテフの穀粒を臼《うす》で粉にし、水でこねて発酵させてからクレープ状にし、薄く焼いたものがインジェラである（口絵6、写真4―2）。インジェラは日本ではほとんどなじみがない

写真4—1　エチオピア原産の穀粒、テフ。この穀粒はイネ科植物のうちで最も小さい

が、エチオピアでは朝も昼も夜も、そして日常的に食べている。上手に焼いたインジェラには、スポンジのような細かい穴が一面にあいていて、独特の食感と酸味をもつ。

　ただし、インジェラは日本のご飯のようなもので、それだけで食べることはまずない。このインジェラにつきものなのが、トウガラシをきかせたワットである（口絵7）。したがって、ワットは、日本語でいえば、おかず（副菜）とでも訳せよう。肉や野菜、さらに豆などの具の入ったワットは、台の上に広げられたインジェラの上に置かれる。そして、インジェラを適当な大きさにちぎってワットを包み込むようにして口に運ぶのである。

　ふつう、このワットは赤い色を呈している。とくに客人のもてなしや、お祝いのさいに出

写真4―2　テフを粉にして発酵させてから薄く焼いたインジェラ

すドロ・ワット（鶏肉《とりにく》のワット）は必ず赤いカイ・ワットである。この赤い色はほかでもない、トウガラシによって染められており、それを物語るようにワットはかなり辛い。

なお、インジェラはそれだけで食べることはないと述べたが、ときにおやつとして食べることがある。しかし、このときもバルバレというきわめて辛い調味料をつけたり、場合によっては塩だけつけて食べることもある。バルバレは韓国のそれに似た大ぶりの赤トウガラシ

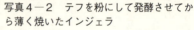

を臼と杵《きね》で搗《つ》いて粉にし、ニンニク、ショウガ、塩などと混ぜて、さらに搗いて粉にしたものだそうだが、とにかく辛いことに特徴がある。

もうひとつ、エチオピアらしいトウガラシ利用の方法を紹介しておこう。エチオピアはコーヒーの原産地として知られるが、エチオピアの西南部では古くからコーヒーの豆ではなく、その青葉を煎《せん》じて飲む習慣がある。長くエチオピア南部州で人類学の調査をしてきた重田眞義氏によれば、そこでは家庭でふつうに出てくる飲み物は、この葉のコーヒーだそうだ。そして、この飲み物に欠かせないものこそがトウガラシなのである。

わたし自身はいまだこのトウガラシ入りのコーヒーを飲んだこともも見たこともないので、その製法を重田氏の報告から引用しておこう。

　朝取りのコーヒー青葉は、小さな臼と杵で突き潰《つぶ》す。広口の土器の壺《つぼ》に沸かした湯のなかで煮立てると、そこにショウガ、ニンニク、ミント、レモングラス、塩、そしてトウガラシ――多くは小さなミトゥミタが使われる――を加えていく。数分待ってから、乾燥したヤムの蔓《つる》を丸めて土器の口に詰め、ゆっくりと漉《こ》しながら、熱い緑の液体を小さな陶器のカップに注げば、できあがりである。[3]

その味は、これも重田氏の報告によれば、複雑で、ときには辛く、ときには青臭く感じることもあるが、香辛料がバランスよく配合されたときの味は格別だという。

このようにエチオピア人にとって、トウガラシは不可欠といっても過言ではないほど重要な役割を果たしている。だからといって、トウガラシはテフやコーヒーと違って、エチオピア原産の作物ではない。先述したように、トウガラシはアメリカ大陸原産の作物であり、ア

写真4—3　和名がエチオピア・カラシの名前で知られているサナフィッチ（エチオピア南部州ソド近郊）（重田眞義氏撮影）

フリカでは新参の作物である。では、トウガラシがエチオピアに導入される前、つまり「トウガラシ以前」の食事はどのようなものだったのだろうか。とくに、トウガラシにかわるような辛みを与える作物はなかったのであろうか。

ひとつ、この候補になりそうなエチオピア在来の香辛料がある。それが、アブラナ科植物のサナフィッチ（*Brassica carinata*）（写真4―3）で、和名はエチオピア・カラシの名で知られる。このサナフィッチはウシやヤギ、ヒツジの生肉を食べるときに欠かせない辛み香辛料なのである。しかし、最近では生肉を食べるときもサナフィッチにかわって、トウガラシをベースにしたバルバレのソースが主流になってきているそうだ。また、エチオピアでは「トウガラシ以前」から、サナフィッチだけでなく、ショウガやコショウなどの香辛料も使われていたので、トウガラシを容易に受け入れたのだろう。幸いなことに、エチオピア西南部は温暖で、年降水量も一五〇〇ミリを超えて多く、熱帯低地原産のトウガラシの栽培に適している。このような環境条件もトウガラシの大量栽培の後押しをしたに違いない。

ナイジェリアの激辛料理

これまでは主として東アフリカにおけるトウガラシ利用について述べてきたが、西アフリカはどうなのだろうか。残念ながら、わたしは西アフリカを一度も訪れたことがなく、そこでの食事や料理も目にしたことはない。しかし、文献などで西アフリカの一部地域については、その食文化の一端を知ることができる。たとえば、次の文章は西アフリカのナイジェリア料理についてのエッセイの一部であり、イモ類を主食とし、辛いトウガラシをきかせた料理が西アフリカの料理の特徴を示している。

西アフリカのナイジェリア、とりわけ南西部のヨルバの人びとの料理は、日本人の感覚からすると激辛だ。主食のイモに、肉や魚と野菜を煮込んだシチューをあわせたものが定番である。豆ご飯や炊き込みご飯に肉や卵を添えたワンプレート料理もポピュラーだが、ともかくどれも激しく辛い。

辛さの源は「ペペ」のよび名で親しまれている唐辛子、スコッチ・ボンネットだ。日本で一般的な「鷹《たか》の爪《つめ》」に比べて、丸くふんわりとした可愛《かわい》らしい容貌《ようぼう》とは裏腹に火傷《やけど》を負わせる辛さを孕《はら》む。そこにフルーティーな香りが絶妙に溶け込んだペペは、料理に欠かせない。[4]

なお、ナイジェリアは西アフリカの東端に位置し、アフリカ最大の人口を擁する。そして、あと五年もすれば、人口は二億人に達するとされる。この人口の増加も西アフリカの食事と大きな関係がありそうだ。サハラ砂漠以南の西アフリカは基本的に熱帯降雨林地帯であり、そこでの主作物は古くから温暖な気候に適したヤムイモだった。ヤムイモはイモ類だが、そのせいか同じイモ類で中南米原産のマニオクも西アフリカではよく食べられている。

このマニオクの普及に一役買ったのがトウガラシであったに違いない。西アフリカの住民の大半は農民であったが、彼らは労働の量に比例して食べるデンプン質の量が多くなる。そして、デンプン質を主体にして野菜や魚の料理を添えるという、単調な食卓にアクセントをつけてくれるのがトウガラシであった。トウガラシは食欲を増進させてくれるうえに西アフリカやギニア湾沿岸部などの熱帯低地では容易に栽培できるので、貧しい農民たちでも食卓にのせることができたのである。デンプン質の食料への依存度が高かった西アフリカの多くの国々では、短時日のうちにトウガラシは貧しい人たちの食生活に取り込まれ、急速に現地の料理にとけ込み、在来の食文化を大きく変えた。それは、トウガラシによる「食卓革命」といっても決して過言ではないほどなのだった。

ところで、先に引用したトウガラシの「ペペ」、すなわちスコッチ・ボンネットは、世界中で広く利用されているカプシクム・アンヌーム種ではなく、分布がカリブやブラジルなどに限られるカプシクム・チャイネンセ種である。ということは、「ペペ」が奴隷たちと入れかわりにブラジルかカリブから西アフリカに運びこまれた可能性の大きいことを物語る。

第五章
トウガラシのない料理なんて
——東南アジア・南アジア

インド航路を発見したヴァスコ・ダ・ガマ

スパイス王国

インド人のなかには、インドがトウガラシの原産地だと思っている人が少なくない。たしかに、インドの辛い料理を味わっていると、そう思いたくなるのも無理はない。しかし、何度も述べているように、トウガラシの原産地は中南米であって、インドを含むアジアではない。にもかかわらず、トウガラシがインド原産だと思われるのは、なぜなのか。

やはり、トウガラシを連想させるほど辛い料理のせいではないか。もうひとつ可能性がある。それは、トウガラシが意外に早くインドに到達し、そこで広く、深く普及した可能性である。ただし、これはわたしの推察であり、たしかな根拠があるわけではない。以下に、その推察を述べておこう。

先に、トウガラシはコロンブスがアメリカ大陸「発見」とともに持ち帰り、すぐにスペインに広がったと述べたが、じつはこれには異説がある。スペインに到着したトウガラシはあまりの辛さのために見向きもされなかったというのだ。そして、コロンブスがそうだったようにトウガラシもヨーロッパでは長いあいだ忘れ去られてしまったのだとされる。

一方、ポルトガル人のヴァスコ・ダ・ガマは、コロンブスの少しあとの一四九七年七月にリスボンを発《た》ってインド洋に向かった。アフリカの喜望峰《きぼうほう》を経てインドへの航路を探すためである。紆余曲折《うよきょくせつ》はあったが、ヴァスコたちは翌年の五月にインドに到達、そして往路を戻り、九九年九月にリスボンに帰着した。壊血病などのために一四七名の乗組員のうち、生還できたのは五五名にすぎなかった。とにかく、この航海で、ヴァスコ・ダ・ガマはインド航路を初めて発見した人物として知られるようになったのである（本章扉）。

　ちょっと脱線したようだが、トウガラシが関係するのは、この後の第二次航海のときのことである。新しい航路発見を受けて、一五〇〇年三月にポルトガルはペドロ・アルヴァレス・カブラルを司令官とする第二次船隊をインドに派遣した。ところが、先述したように、彼らは南へ南へと進路をとりながら航海していたため、四月に到着したのはインドではなく、現在のブラジル東海岸の交易地であるペルナンブコであった。そして、このペルナンブコでトウガラシを見つけた可能性があるのだ。

　当時のポルトガル人は、丁子《ちょうじ》（クローブ）や肉桂《にっけい》（シナモン）、さらにコショウなどの香辛料に目がなかった。というより、ポルトガル人たちはこれらの香料を求めてインドに向かったのだ。それだけに、ペルナンブコで見つけた新しい香辛料のトウガラシにも大きな関心をもったに違いない。こうして、ポルトガル人たちはトウガラシをガリオン船（大航海時代に使われていた帆船）に積んで、次の交易地であるアフリカ西海岸にタバコや綿花と一緒に運

図5—1　リンスホーテン（1596年）によるゴア市中央通りの市場風景

んでいったのである。

その後、トウガラシをのせた船は喜望峰を通ってインドの西海岸にあるゴアに到達した。船に積まれてきたトウガラシは、その地でペルナンブコ・ペッパーの名で知られるようになる。十六世紀初頭ころのゴアは、ムスリムのビジャプール王国の支配下にあり、その第二の首都として繁栄していた。したがって、このゴアからトウガラシがインド中に広がっていった可能性を否定できないのである（図5—1）。

カレーの話

さて、インドにおけるトウガラシ利用に話を戻そう。

インドといえばカレーを、カレーといえ

ばトウガラシを思い浮かべる人が少なくない。それも当然であろう。インド料理のなかで、日本人が知っているものといえば、カレーだけという人が少なくないからだ。また、カレーのあの黄色はウコンによって色づけられているが、辛みは主としてトウガラシによるものだからだ。

しかし、日本のカレーとインドのカレーはかなり違う。インドでカレーを食べると、「これが本当にカレー?」と思う人もいるかもしれない。

それもそのはず、日本のカレーのルーツはインドにはなく、カレー粉は最初イギリスでつくられ、日本のカレー粉はそれに由来するからである。そのことは、日本の百科事典などにも次のように記されている。

写真5—1　世界初のカレー粉はイギリスのC&B社が販売した
(ネスレ日本株式会社提供)

明治の鹿鳴館《ろくめいかん》時代(一八八〇年代)の欧風化で、日本に最初に紹介された西洋香辛料は、イギリスの「C&Bカレー粉」であった。これはイギリス初代インド総督ウォレン・ヘースティングズが、インドの「カリ」を一七七二年に本国に持ち帰ったものを、クロス・エンド・ブラックウェル社がイギリス人にあうように混合し直したもので、のちにビクトリア女王に献上されたといわれている。[1]（後略）（写真5—1）

さて、インドのカレーの形態や素材はさまざまであるが、その風味づけや辛みづけとしてはトウガラシが不可欠なものになっている。しかし、このインドでもトウガラシの歴史は新しく、インド料理にトウガラシが加えられるようになったのは、大航海時代以降つまり十六世紀である。残念ながら、十六世紀のいつごろか、ということについては明らかでない。わたし自身は、トウガラシのインドへの伝来はコロンブスがヨーロッパにそれを持ち帰ってからまもなくであっただろうと考えている。

それというのも、コロンブスのアメリカ大陸「発見」の知らせにショックを受けたポルトガル人たちが一四九八年にアフリカの喜望峰を経てインドに至る航路を切りひらいたからである。その最初の航路をひらいたヴァスコ・ダ・ガマは一五〇二年にもインドに二回目の航海をおこない、翌年に帰国した。このころからポルトガルはインド洋支配を強め、やがてインド洋沿岸の各地に要塞《ようさい》を築き、ポルトガルによる活動の基盤を築いた。そして、一五一〇年には、インド西岸にあるゴアを攻略し、そこをポルトガルのアジアにおける交易とキリスト教伝道の根拠地とした。

こうしてポルトガルとインドとの航海は頻繁になり、その際にトウガラシはポルトガルからインドへもたらされた可能性が大きいのである。最初にトウガラシが持ち込まれたと考えられるゴアは、トウガラシの原産地である中南米の熱帯低地と同じような気候のところであるため、そこではトウガラシを容易に栽培できたであろう。したがって、トウガラシはこのゴアからインド各地に広がっていったのではないかと推察できるのである。

もともとインドは「スパイス王国」とも呼ばれるように、多種多様な香辛料が使われたところであった。事実、ヴァスコ・ダ・ガマのインドへの第二回航海のとき、彼がインドで交易によって手に入れた品はコショウ、肉桂（樹皮を乾燥したものが香辛料のニッキ〔シナモン〕）、丁子、ショウガなどの香辛料や蘇芳《すおう》（染料となるマメ科の植物）であったとされるのだ。このような香辛料利用のさかんなインドであれば、トウガラシも容易に受け入れられたのではないか。在来の香辛料にくらべて比類のない辛さをもち、鮮やかな赤い色に特色のあるトウガラシは、やがてインド料理に欠かせなくなったのだろう。

それでは、トウガラシ以前のインドのカレーはどのような味だったのだろうか。トウガラシがインドに導入されたのは早くても十六世紀はじめごろだろうから、そのころのカレーらしき料理についての記述を少し検討してみよう。まず、一五一四年ころポルトガル人のピレスによって書かれた『東方諸国記』のなかの「王の食事」についての記述を見てみよう。

……地面には食事のための円卓が置かれている。これは人々が地面で食事をするからである。ここには銀製の大きな盆が運ばれる。それは平らで、縁がない。そしてそれには銀の小皿がのせてある。（中略）彼（料理人）は、煮た米の入っている壺を持っていて、それを匙《さじ》で盆の中央に少量出す。それは形がこわれていないし、また乾いているので、料理されたもののようには見えない。この米に引続いて他の多くの壺や皿が運びこまれる。かれらはそのそれぞれを小皿に盛る。すると〔王は〕右手で食べはじめる。すなわち匙を使わずに手で米を一握りとり、他の食物をとって、それと米とをまぜ合わせる。左手では決して食物をとらない。ただ銀の水差に水が入っていて、彼が水を飲みたい時には、それを左手でとり、それを高くあげて水を流し出して、水差に触れないようにして口に流し込む。彼の食物は肉、魚、野菜およびその他の食料品で、それらは多量の胡椒で調理されている。従って〔それは辛く〕、わが国の人々でそれをあえて食べようとする人はいないであろう。[2]

はたして、ここで述べられている料理がカレーのようなものであったのかどうか、それはこの記述だけでは明らかでない。しかし、当時すでに辛い料理はあったが、それはトウガラシではなく、コショウによって辛みがつけられていたことが明らかである。ということは、インドの料理はトウガラシが導入されてから辛くなったのではなく、インドにはもともと辛いものへの嗜好があり、それゆえ多量のコショウを使っていたのだろう。

次に、オランダ人のリンスホーテンの『東方案内記』（一五九六）の記述を見てみよう。このカレーについての記述は当時の記録のなかでも、珍しく詳しく料理の内容を記しているもので有名である。また、のちの「カレー」につながる「カリール」という名称が書かれていることでも知られる。名称だけでなく、「魚はたいていスープで煮込み、米飯にかけて食べる」と述べ、「それをカリール」といい、「カリール料理はインディエ人の常食」であるというのも、現在のカレーを彷彿《ほうふつ》させる。

インディエ（インド）は魚が豊富で、そのうえ、なかなかうまいものがある。いちばんうまいのは、モルデシーン、パンパノそれにタティンゴという魚だ。ペイシェ・セーラというのがあるが、これは鮭《さけ》のように筒切りにして塩で漬けると実に美味で、また長もちするから、航海中の食糧として携行するとよいだろう。魚はたいていスープで煮込み、米飯にかけて食べる。この煮込汁をカリール（carriel）という。やや酸味があって、クライス・ベス〔酸《す》ぐりの一種〕か未熟の葡萄《ぶどう》でも混ぜたような味だが、なかなか美味で、カリール料理はインディエ人の常食である。かれらにとって米飯はわれわれのパンに当る。エルフト〔鰊《にしん》の類〕、鰈《かれい》その他いろんな種類の魚がどっさり捕れるが、とりわけ蝦《えび》がおいしく、それにあんな大きな蝦をわたしはかつて見たことがない。一ダースもあれば、たっぷりした夕食になるくらいである。[3]

さらに、一六八一年にイギリス人のノックスによって書かれた『セイロン島誌』では、次のように「カレー」について述べている。

インドで育つ果物の木は全部この国（セイロン）にもある。ところがこの国では、〔熟せば〕美味《おい》しい果物も大部分熟《う》れる前に採って茹《ゆ》で、ポルトガル語で言うカレーにしてしまう。カレーとは、米飯と一緒に食べて、それに味付けをするものである。[4]

このうちピレスの『東方諸国記』は一五一四年ころに刊行されており、まだトウガラシはインドに普及していなかったと推定される。そのせいか、「〔料理は〕多量の胡椒で調理されて」おり、「〔それは辛く〕」、わが国の人々でそれをあえて食べようとする人はいないであろう」と述べられている。つまり、トウガラシ以前のインドでは多量のコショウが辛みをつけるために使われていたようだ。しかし、リンスホーテンの『東方案内記』は十六世紀末に書かれており、ノックスの『セイロン島誌』は十七世紀末の著書なので、これらの時代にはトウガラシが使われていた可能性が大である。

参考までに、日本の事典による現在のカレー粉についての記述を以下に引用しておこう。

インドでは、ターメリック、クミン、ペパー、カルダモン、コエンドロなどの香辛料を混合してつくった調味料をマサーラ masala とよび、日本の化学調味料のようにどんな料理にも使っている。インドの北部地方では、主として乾燥した香辛料を石臼で混合粉砕して使い、南部ではなまの香辛料を石臼ですりつぶして使っている。香辛料を五〜七種も混ぜたものにガラム・マサーラとよばれているものもあるが、このマサーラを使った料理はすべて「カリ」とよばれている。したがって、インド料理はすべてカリ（カレー）料理であって、その種類は三〇〇種以上もあるといわれている。炒め物、スープ、シチュー、煮物などすべてが「カリ」なのである。[5]

なお、これらのスパイスのなかで中心的な位置を占めているのがトウガラシである。この点について、『トウガラシの文化誌』の著者であるアマール・ナージも面白いことを述べている。

主菜でもなければ副菜でもないトウガラシが、食事には欠かせなかった。それというのもインド人にとってトウガラシは、口に入れた食べものに味覚の枠組みを与え、まとまりのあるものに組み立てる働きをもっているからだ。その結果、口のなかの料理はむらがなくなり、よりおいしく感じられるのだ。[6]

このように、いまやトウガラシはインド人にとって不可欠な香辛料となっているのである。インドといえば、トウガラシに関して面白い風習があるので、それも紹介しておこう。インドでは、全土でニンニクをトウガラシとレモンと一緒に厨房の上において悪霊を追い出す習慣があるとされる。[7] 実際に、わたしもそれに似たものを見ている。西インドのマハーラシュトラ地方の都市であるプネでのことだ。そこでは、おどろおどろしい黒い人形とともにライム数本とビンバと呼ばれる渋い木の実、そして数本の青トウガラシを細い針金で貫いたお守りが商店の軒先、タクシーやトラックなどのフロントガラスなどに吊《つる》されていた。聞くところによれば、これは邪視防ぎのためのお守り（護符）として使われているのだそうだ（ロ絵14)。ちなみに、邪視とは、神秘的な眼力をもった人物に凝視されると、病気になったり、死にいたるなどの不幸が生じると考える信仰のことである。この信仰は世界中で見られ、その対抗策もさまざまであるが、インドではトウガラシがお守りのひとつとして使われているのだ。インド研究者の小磯千尋氏によれば、なぜ、ライムとビンバ、そしてトウガラシの組み合わせかというと、「酸っぱい」「渋い」「辛い」ものなので、悪いものをよせつけないと信じられているのだそうだ。[8]

赤く染まる大地――ネパール

インドの北辺をふちどるように位置する国がネパールである。その首都のカトマンズからはヒマラヤの高峰をまぢかにのぞめる。そして、カトマンズは雰囲気のある町だ。とりわけ、この町の一角をしめる旧都のパタンは寺院仏塔が多く、そこに一歩足を踏み入れると中世の世界に迷いこんだような錯覚を覚える。素焼きレンガを積みかさねた家並み、その間を迷路のように走る細い道、その道のところどころに鎮座する神々、そこを天秤《てんびん》で野菜を運ぶ男性、そして共同の水汲み場で談笑しながら洗濯する女性たち……。

このパタンの町を秋に訪れると、驚くような光景を目にすることができる。道路にも広場にも、すき間なく赤いトウガラシが広げられ、まるで地面が赤く染まったように見えるのだ

（口絵8、写真5—2）。また、軒下から数珠つなぎになったトウガラシを吊している家も少なくない（写真5—3）。いずれも、天日でトウガラシを乾燥させているところなのだ。

それにしても、こんなに大量のトウガラシをネパール人は何に使うのだろうか。パタンの町を歩きまわっているうちに、こんな疑問がわいてきた。しかし、その疑問はまもなく氷解した。ネパール人もインド人に負けず劣らず料理にトウガラシをたっぷり使うことがわかったからである。

写真5—2　ネパール・カトマンズ市内でのトウガラシの天日乾燥

写真5—3　乾燥のため軒下から数珠つなぎに吊したトウガラシ

そもそもネパールは、インドに隣接しているだけにインドの影響が強く、それは食事文化においても例外ではない。ネパールの主食もインドと同じように米であるし、それにつきものなのがカレーに似たタル・カリーである（口絵11）。さらに豆スープのようなダル・バート、漬け物のアチャールが定番だ。そして、タル・カリーにも、アチャールにもトウガラシがたっぷり入っていて、ふつうの日本人ならその辛さに閉口させられるだろう。

ちなみに、漬け物はインドでもアチャールと呼ばれるが、このアチャールという言葉はペルシャ語からの借用語であり、ペルシャ語のアチャールはポルトガル語を経て日本語のなかにも入り、それがアチャラ漬け（季節の野菜を刻んで酢・砂糖・塩にトウガラシを加えた甘酢に漬けたもの）、またはアジャラ漬けになったそうだ（国立民族学博物館名誉教授石毛直道氏の談）。

ただし、ここで述べた食事はカトマンズおよびその周辺地域の主としてネワールの人たちのものであり、ネパール国内には、これらとはかなり異なる食事をする民族もいる。その代表的な民族がエベレスト山麓の高地で暮らすシェルパ族である。彼らは、日本では登山のガイドやポーターとして知られるが、ヒマラヤの標高三〇〇〇〜四〇〇〇メートルの高地で農業や牧畜を営んで暮らす民族である。

このような高地では、イネはもちろん、トウモロコシも寒さのために栽培できない。そこで主作物となっているのはジャガイモであり、主食もジャガイモなのである。もともとは在来のソバやムギが主作物であったが、十九世紀ころに導入されたジャガイモが在来の作物を圧倒し、それに取ってかわったのである。このジャガイモを中心にした食事でもトウガラシは欠かせないのである。

ネパール料理といえば、先述したタル・カリーとダル・バートを中心としたネワールの料理が有名だが、シェルパの料理はほとんど知られていない。そこで、次に少し詳しくシェルパの料理を紹介しておこう。調査をおこなったのは、ネパール東部に位置するソル地方のパンカルマ村（標高二九〇〇メートル）である。ここは、シェルパ族の人びとだけが生活する一三家族だけの小さな村である。

もともとシェルパの人びとは、チベットから十六世紀ころにヒマラヤを越えてネパールに移り住んだといわれている。そのことを物語るように、彼らの朝食はチベット由来の伝統食であるツァンパ（麦こがし）とバター茶だ。しかし、昼食や夕食は圧倒的にジャガイモを材料にしたものが多く、これにトウガラシが欠かせないのである。

そんなジャガイモ料理のいくつかと、それに使われる香辛料を紹介しておこう。ジャガイモ料理のなかで、彼らがいちばんよく食べるのは、シェルパ・シチューとでもいうべきシャクパである。これは大鍋に湯をわかし、チベット製の乾燥させたヒツジの脂肪を包丁で薄く切って鍋に入れ、煮込んでだしをとる。これに、短冊状に切ったジャガイモや小麦粉を水で練ってつくる親指大の団子、カラシナ、インゲンマメ、ダイコンなど、ありあわせの材料を入れて煮込む。最後に塩とトウガラシで味付けをし、ネギを油で炒めて鍋に加え四〇分ほどとろ火で煮込むとできあがりである。

このシャクパに入れるトウガラシはそのままではなく、ゴプツォンと呼ばれる木臼でつぶしたものだ（口絵10）。このゴプツォンで、トウガラシをつぶす「ゴン、ゴン」という音が聞こえてくると「食事はもうすぐ」だということがわかる。

このように、シャクパにはトウガラシも入っているので、これを食べると体が温まり、寒い夜には最適の料理である。そのせいか、一日の仕事を終えて家族でシャクパを前にすると大きな鍋があっという間に空になる。

ジャガイモでつくった薄焼きパンのような料理もある。シェルパ語で「ジャガイモのパン」を意味するリキクル、ネパール語でアルコ・ロティの名前で知られるものだ。これは生のジャガイモをすりおろし、小麦粉を少し加えて、よくこね、これをフライパンの上に広げてホットケーキのようにして焼くとできあがる。そして、これにもトウガラシが欠かせない。これを食べるとき、その上にバターをのせ、さらにネギ、トウガラシ、塩を先述したゴプツォンでつぶしたものをつける。平らな石をカマドで熱し、この石の上で焼くとさらにおいしくなる。軽食のようにして食べることも多く、しばしば夕食や昼食でもリキクルを食べている。

もっと簡単なジャガイモ料理もある。それはジャガイモを蒸したものである。簡単な料理だけに、夕食として食べるほか、お腹《なか》がすいたときの軽食としても利用する。これにも、ふつう、ネギやトウガラシをつぶしたチャルダやトマトを煮込んだソースをつけて食べる（口絵9）。蒸したジャガイモを山のように皿に盛り、みんなでチャンと呼ばれる酒を飲みながら食べる。

このほかにもジャガイモ料理はあるが、いずれの料理にもトウガラシと塩が不可欠である。これはパンカルマ村だけのことではないようだ。ソル地方に隣接するクンブ地方でもそうだ。クンブ地方でシェルパ族の料理について詳しい調査をした柳本杳美氏によれば、トウガラシはジャガイモ料理に限らず、彼らの食生活に不可欠なものになっているという[9]。

もともとジャガイモもトウガラシも中南米産の作物であったことを考えると、ネパール高地でのジャガイモとトウガラシの出会いこそがジャガイモ食のシェルパ族の食生活を生んだといえそうだ。

トウガラシのない料理なんて――ブータン

「きっとブータンは世界一辛い食事をしている国に違いない」

これが、わたしが初めてブータンを訪れたときの印象だった。二〇〇四年のことだ。このとき、わたしは山田勇京都大学教授と二人でブータン西部の山岳地域を二週間ほどかけて歩きまわった。ブータン政府の規則で同行者はガイドや馬方を含めて六名、そしてウマが四頭であった。食事はすべてブータン人が準備してくれたが、これが予想に反して辛くなかった。「ブータンはあまりトウガラシを使わないのか」とわたしは思ったが、これは大間違いであった。わたしたちが食べていたのは旅行者向けの特別料理であり、ガイドやポーターたちはトウガラシたっぷりの食事をしていたのである。

そこで、わたしは勇気をだして彼らの食事を少し試食させてもらった。トウガラシは避けて、野菜だけを口に入れたが、あまりの辛さに吐き出しそうになった。ガイドに聞くと、トウガラシだけでなく、サンショウも入っているのだそうだ。どうりで、舌だけでなく、喉《のど》まで麻痺《まひ》したようになっている。にもかかわらず、ガイドは「これは特別に辛いわけではなく、ブータンではふつうの食事だ」というのである。

たしかに、トウガラシはブータン人の食生活に欠かせないものだ。ただし、トウガラシはインドやネパールでも不可欠だったが、ブータンではその不可欠の程度がまるで違うのだ。実際、国連開発計画（UNDP）のブータン事務所で数年働いた経験をもつ上田晶子氏は、この点について次のように述べている。

> 何よりも重要なことは、ブータン人は、トウガラシを、スパイスではなく「野菜」としてとらえている点である。トウガラシは、何かに「加える」ものではなく、それ自体を「食べる」、そして、「味わう」ものなのである。（中略）もう一つ重要なことは、トウガラシには「代用品がない」ということだ。コメがなければ、ソバやトウモロコシを、ダイコンがなければカブをという具合に、多くの食品にはその代わりに用いられるものがあるが、トウガラシはトウガラシであって、その役割を代わってくれるものはない。そして、それが野菜として大量に消費されるとなると、その入手は死活問題といっても過言ではない[10]。

念のため、付け加えておくと、このトウガラシはピーマンやパプリカのような甘味トウガラシではなく、しっかり辛い、辛みトウガラシなのである。これを読む人のなかには「本当かな」と思われるかもしれないが、本当である。わたし自身もそれを確認している。先述したブータン西部を歩いたとき、ポーターたちがかなり大きなトウガラシを平気な顔で食べていたのを見ているからだ。

また、ブータン人女性が書いた『トウガラシとチーズ』という本のなかにも、ブータン人とトウガラシの密接な関係を述べた記述が見られる。すなわち、「病人食と乳児食を除けば、(ブータンの)料理でトウガラシを使わないものはない」という。さらに、ブータン人は「トウガラシなしでは、どのように料理すればよいのかわからない」、「トウガラシなしで食べものを食べることはできない」といわれる。[11]

実際、上田氏によれば、「ブータン人の食事には、ほとんどありとあらゆるものにトウガラシが用いられる」のだそうだ。たとえば、ブータンの国民食ともいえるエマ(トウガラシ)・ダッツィはトウガラシをチーズとバターとともに煮たもので、味付けはシンプルに塩だけである(口絵13)。しかも、ブータン人のなかには、このエマ・ダッツィだけで三食ともすませる人も少なくないといわれる。

こうして見てくると、ブータン人は世界一辛いトウガラシを食べる民族ではないかと思えてくる。タイ人も世界でいちばん、トウガラシを食べる人たちであるといわれるが、わたしの印象ではトウガラシの辛さや量はブータンの比ではない。また、中国の四川《しせん》料理も辛いことで知られるが、四川料理のすべてが辛いわけではなく、辛いのは一部だけなのである。

それでは、いつごろから、どのようにしてブータンで激辛料理が食されるようになったのであろうか。ブータンは、インド東部の都市のカルカッタ（現コルカタ）に比較的近く、そこから伝えられたようだ。時期は、おそらく十六世紀ころのこと。交易商人や巡礼者たちによってインド経由でトウガラシはブータンにもたらされたとされる。[12] ここまではおぼろげながらわかるが、それからはまったくわからない。

そこで、わたしなりに少し推測してみよう。まずは、ブータンが長いあいだ鎖国に近い政策をとっていたから、みんな「トウガラシ好き」になったのではなかったか。また、四辺をインドや中国に囲まれ、海への出口がなかったことも大きな要因ではなかったか。つまり、ブータンは外界との物流の方法がきわめて限られていたため、香辛料としてはもっぱらブータンでも栽培できるトウガラシに依存するようになったと考えられるのである。事実、インドは先述したようにスパイス王国とも呼ばれるほど多種多様のスパイスを使うが、これらのスパイスのほとんどはブータンで知られていないのである。

それにしても、激辛の食事ばかりしていてブータン人の胃や腸は大丈夫なのだろうか。他人事《ひとごと》ながら心配になる。しかし、この点に関してはブータン人もちゃんと注意を払っているようだ。トウガラシを食べすぎると、あとで胃が痛くなったり、お腹をこわしたりするからだ。それでもやめられないトウガラシ。ブータン人はトウガラシマニアなんだろうか。アマール・ナージ著『トウガラシの文化誌』に、そんなトウガラシマニアを描写した次のような記述がある。

世のなかには、トウガラシを好んで食べる人たちがいる。そんな人たちのことを、ここではトウガラシマニアと呼んでおくことにしよう。そんなトウガラシマニアは、トウガラシの辛さを単に好むというだけではない。彼らはトウガラシに恋いこがれるのである。トウガラシマニアが食事を待ち遠しく思うのは、もちろん空腹を満たしたいからということもあるだろう。だが、彼らを元気づけて毎回新鮮な喜びをもって食事を楽しめるようにするのは、一口食べるたびにあのトウガラシも味わえるという思いがあるからだ。[13]

不可欠なサンバル——インドネシア

インドからは、ポルトガル人だけでなく、ペルシャ、アラブ、ヒンドゥー、その他の交易商人たちによってインドネシアへ、さらに香料諸島として知られるモルッカ諸島へとトウガラシは広められた。つまり、トウガラシは南アジアから南下して東南アジアへと広がっていったのである。さらに、モルッカやパプアの交易商人たちによって十六世紀初頭にはニューギニアの北海岸へ、またそこから東方へも伝播してゆく。そこで、ここでは南アジアおよび東南アジアのまとめとしてインドネシアにおけるトウガラシの利用方法とその歴史について述べておこう。

インドネシアは、インド洋と太平洋に囲まれた多島海に位置している。そのため、多様な自然風土が見られる広大な国土に、数百の民族が暮らす多民族国家である。したがって、インドネシアの料理は民族や地域によって大きく異なり、主食もコメだけでなく、イモやバナナ、雑穀、サゴヤシなどバラエティに富む。ごく大まかにいえば、インドの影響の強い西のほうではスパイスとトウガラシをたっぷり使うが、東へ行くほど単純な味付けになってゆく傾向がある。とくに、東端のニューギニア高地にいたってはトウガラシもスパイスもほとんど使わない。

しかし、インドネシアで長期にわたって食文化の調査をおこなった阿良田麻里子氏によれば、スマトラ、ジャワ、バリ、スラウェシなどの、西部から中部にかけての稲作が比較的さかんな地域では、トウガラシは日常に欠くことのできない重要な存在になっているそうだ。[14]

そして、インドネシアの人口の大部分はここに集中しており、この地域の食べものが「インドネシア料理」と呼ばれているのだ。

このインドネシアにトウガラシがもたらされたのは、十七世紀ころであるとされる。実際一六五三年にはすでにスンダ諸島においてトウガラシが日常的に使用されていたという記述もある。[15]また、十九世紀はじめにジャワの統治にあたったイギリスのラッフルズ副総督は、トウガラシと塩でつくったサンバルと呼ばれる薬味が料理に風味をつけるためにもっとも一般的で不可欠なものであり、どこでも見られると述べている。[16]

ただし、これらの記述の前からトウガラシはインドネシアで広く利用されていた可能性もある。一五一二年にポルトガル人がヨーロッパ人として初めて香料諸島に足を踏み入れ、その後もヨーロッパ人がクローブやナツメグ、シナモンなどの香料を求めて頻繁に訪れていたからだ。そのなかには、インドから早い時期にインドネシアにトウガラシをもたらした人物もいたかもしれないのである。そのことを物語るように、先述したようにインドネシアではトウガラシを不可欠にしている地域があるのだ。

実際に、二〇一四年十月、ジャワ島を訪れたとき、各地のマーケットで赤色や緑色のトウガラシが山積みにされて売られていた（口絵15）。ただし、インドのように乾燥したトウガラシはほとんどなく、生の新鮮なものばかりである。赤トウガラシの乾燥品を粉にしたもの

写真5―4　インドネシアのサンバルづくり

も流通しているようだが、家庭で通常使うのは主に生鮮品なのである。

その生のトウガラシを使って、インドネシアで有名なチリソースのサンバルはつくられる。わたしがジャカルタで見たサンバルのつくり方は以下のようなものであった。材料のトウガラシは赤色のものと緑色のものだが、形は非常によく似ている。日本の「鷹の爪」にも似て表面にしわがより、細長く曲がっている。長さは一五～二〇センチくらい。一方は完熟したもので、もう一方は未熟なものかもしれない。

これをシャロット（エシャロット）と一緒にしばらく煮たあと、水分を捨てて、小さじ一杯の発酵食品（トゥラシという）とともにすりつぶす。すりつぶす道具は浅い石のすり皿と石のすりこぎである（口絵16、写真5―4）。少しすりつぶしただけで発酵食品特有のトゥラシの香りがしてくる。よくすりつぶして全体がペースト状になればできあがり。赤いトウガラシからは赤いサンバルが、緑色のトウガラシからは緑色のサンバルができあがる。

要するに、サンバルはトウガラシとその他の調味料で、食べる人が好きなだけ取って、料理に添えて食べるものである。そのため、屋台やレストランのテーブルには、必ずサンバルが置かれている。ただし、サンバルのつくり方や材料は先述したものだけではなく、地域によっても個人によっても、あわせる料理によっても違っている。とにかく、サンバルは、できあがった料理に用いられる卓上香辛料であるが、インドネシアではブンブーと呼ばれる香辛料もある。これも調合香辛料であるが、ブンブーには塩だけでなく、砂糖、ココナッツ・ミルク、油やトウガラシまで含まれ、香辛料というよりむしろ調味料といったほうがよいものだ。

料理のときにブンブーがたっぷり使われているだけでなく、食べるときにも卓上のサンバルが加えられるので、インドネシア料理もインド料理に負けず劣らずスパイシーなものになっている。

わたしが訪れたジャワ島だけでなく、スマトラやバリ、スラウェシなどでも、トウガラシは日常に欠くことのできない重要な存在となっているそうだ。そして、先述したように、この地域の食べものが「インドネシア料理」と呼ばれ、そこにインドネシアの人びとの大部分が集中しているのだ。これらのことは、トウガラシがインドネシアの食文化にいかに大きな役割を果たしているかを雄弁に物語るものである。

第六章
トウガラシの「ホット・スポット」——中国

トウガラシたっぷりの麺類を食べる（チベット・ラサにて）

麻婆豆腐と豆板醤

わたしが初めて中国を訪れたのは一九九七年のこと。その中国で、最初に訪れたのが四川省の中心地である成都《せいと》であった。ここに有名な麻婆豆腐《マーボー》を食べさせる店があるというので、早速出かけてみた。日本でも知られている陳《ちん》麻婆豆腐店である。そして、待望の麻婆豆腐を食べてみたが、それをちょっと口に入れただけで吐き出しそうになった。あまりにも辛かったからである。舌だけでなく、唇までしびれたようになっている。わたしは中南米で辛い味には慣れているはずなのに、それは、これまで経験したことがないほどの辛さであった。それもそのはず、この麻婆豆腐にはトウガラシだけでなく、サンショウも入っていたのである。帰国してから調べてみたところ、次のような記述があった。

最近、日本でも人気のある麻婆豆腐であるが、麻《マー》(サンショウのしびれるような味)と辣《ラー》(トウガラシの辛さ)の味がたっぷりの、この煮込み豆腐は器の中に小さな四角の豆腐、その間に見え隠れするみじん切りの牛肉、また濃緑色鮮やかなニンニクの若葉のぶつ切りが混じり、上には香り高い粉サンショウがふりかけられており、周りにはトウガラシ

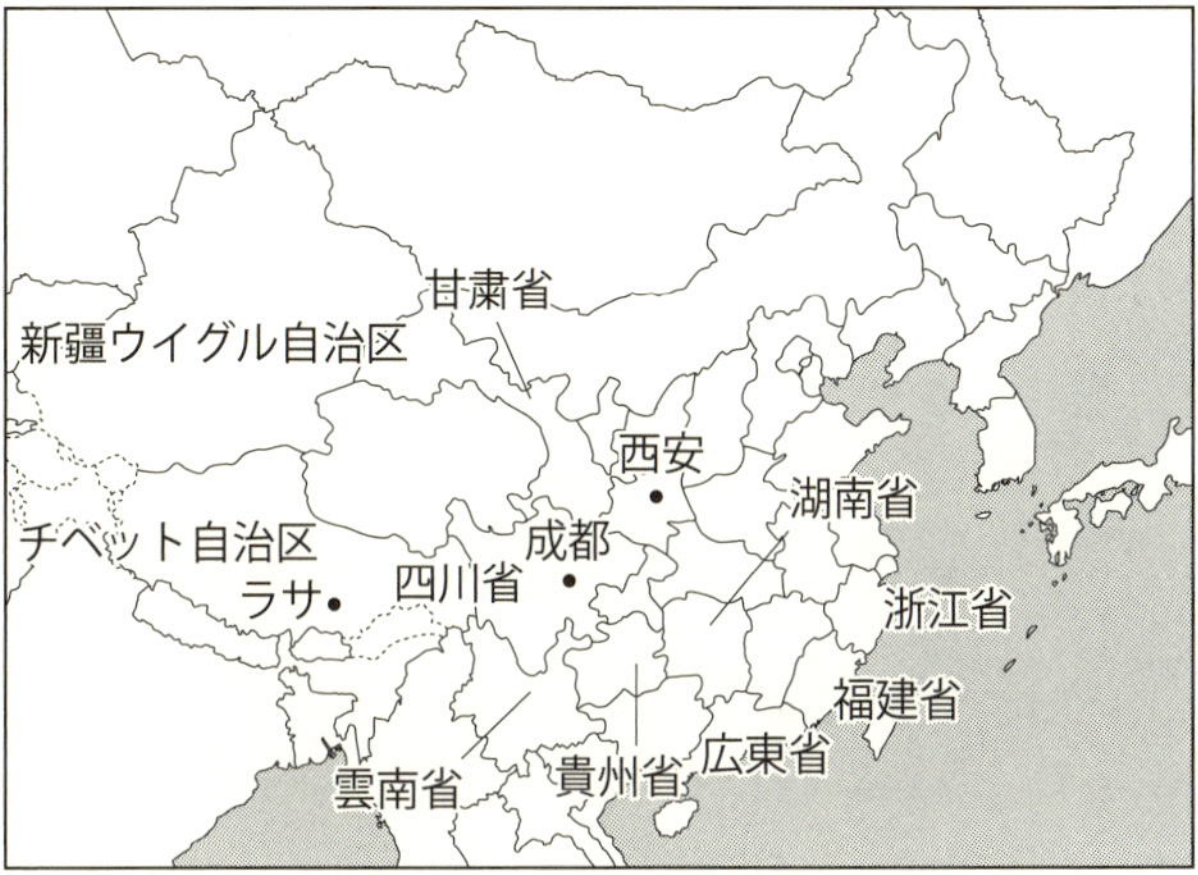

油がつややかに浮いている。[1]

中国最初の土地の成都でこのような強烈な洗礼を受けたせいか、わたしは中国も朝鮮半島のようにトウガラシで赤く染められたところだと思ってしまった。実際、四川は麻婆豆腐で有名であるだけでなく、現在は日本でもなじみのある豆板醤《トウバンジャン》の一大産地でもある（口絵17）。豆板醤は、ソラマメやトウガラシを主原料につくる中国の発酵調味料であり、二〇〇年あまり前に四川で最初につくられたとされる。原料はいたってシンプルで、トウガラシとソラマメ、それに基本的には塩と水があればよい。加工段階で植物油や米、小麦粉などを使うこともある。ソラマメは皮をむいて二つに割り、麹《こうじ》を加えた水にひたして半年ほど発酵させる。それを砕いて生のトウガラシとともに漬け込む。そこに適量の塩と水を加え、あとはじっくりと発酵、熟成を待つだけだ[2]。

ただし、この発酵工程では重要な作業がある。それは攪拌《かくはん》作業だ。晴れた日は壺のふたをとって太陽にさらす。雨が降り出したら、もちろんふたを閉める。ときどき、塩加減を見て足りなければ加える。夜も晴れていればふたを閉めず夜露にあてる。すると香味が出てくるのだ。

豆板醤もトウガラシが大量に含まれているのでとても辛いが、四川料理等の中国内陸部での料理ではふんだんに使われ、食卓にのぼる料理の多くが辛いもので占められる。このような麻婆豆腐や豆板醤の普及もあり、中国料理といえば辛いという印象を与えがちであるが、これは必ずしも正しくない。たしかに、成都のある四川省や雲南《うんなん》省、貴州《きしゅう》省など中国の西南地方はトウガラシがさかんに使われている地域として知られているが、この地方を離れればトウガラシの利用はさほどさかんではない。

地域差のあるトウガラシ利用

つまり、広大な土地をもつ中国では、トウガラシ利用に関してかなりの地域差があるようなのだ。事実、近代中国には激辛好きの革命家が多いが、それは出身地と密接な関係がある。湖南《こなん》省出身の毛沢東《もうたくとう》や、四川省出身の鄧小平《とうしょうへい》は、トウガラシを偏愛した。それに対し、国民党には辛いものが好きな指導者はほとんどいない。広東省《カントン》出身の孫文《そんぶん》はいうまでもなく、浙江省《せっこう》出身の蔣介石《しょうかいせき》も、客家《ハッカ》出身の李登輝《りとうき》も辛いものは好きではないようだ。

　これは、どうも中国におけるトウガラシ利用の歴史に関係していそうだ。それというのも、意外なことに、日本や朝鮮半島にくらべて、中国におけるトウガラシ利用の歴史は比較的新しいからだ。実際、日本にトウガラシが伝わったとされる十六世紀に刊行された李時珍《りじちん》の有名な『本草綱目《ほんぞうこうもく》』（一五九六年ころ）にも、トウモロコシは記述されているのに、トウガラシは記述されていない。中国におけるトウガラシの初出の文献は一六八八年に刊行された園芸書『花鏡《かきょう》』（陳淏子《ちんこうし》）であるとされ、日本や朝鮮半島にくらべてかなり遅いのである。

　もちろん、文献に出てこないからといって、それ以前にトウガラシが伝来していなかったとはいえないが、少なくとも目立つ存在ではなかったとはいえるだろう。ということは、初出の文献以前に中国にトウガラシが伝来していたとしても、一般にはあまり普及していなかったのではないか、と推定できる。また、中国におけるトウガラシの普及にはかなりの年月を要したようである。

　そのように考える中国人研究者もいる。たとえば現在明治大学の教授をしている張競氏もそのひとりだ。張氏は、『中華料理の文化史』のなかで、中国の料理書を渉猟し、十七世紀の料理書にも十八世紀の料理書にもトウガラシがまったく登場しないことを指摘している。[3]

そして、中国の料理書にトウガラシが登場するのは、十九世紀になってからだという。その料理書とは、一八六一年に初版が出た『随息居飲食譜《ずいそくきょいんしょくふ》』である。

ちなみに、この本のなかにはトウガラシに関して気になる一説がある。それが「人々の多くはそれを好んでいるから、しばしば疾病をきたす」という文章だ。この文章から、当時、トウガラシは多くの人びとに好まれていたが、一方で「トウガラシを食べると病気になる」という偏見があったこともうかがえる。後述するように、朝鮮半島にトウガラシが伝来したころ、「トウガラシには大毒がある」といわれていたが、どうも中国でも同様の偏見があったらしい。だからこそ、中国ではトウガラシがなかなか普及しなかったのであろう。

これは現代に生きるわたしたちにとっては信じがたいことかもしれないが、アメリカ大陸から到来した新参の作物はトウガラシだけでなく、しばしば偏見にまみれ、なかなか食用には供せられなかった。第三章で述べたように、その代表がジャガイモである。ジャガイモはアンデス原産の栽培植物であり、これがヨーロッパ人によって初めてスペインにもたらされたのは一五七〇年前後のことであった。しかし、それがヨーロッパに広く普及するのは、ジャガイモがヨーロッパに到来してから一〇〇年も二〇〇年もたってからのことであった。

ほかでもない、ジャガイモには毒があるため、それを食べると病気になるという偏見があったからだ。たとえば、イギリスでは「ジャガイモは危険な植物中の植物」として弾劾され、聖者も罪人も等しく避けるべきものだとされた。また、スコットランドのように、ジャガイモが聖書に出てこないという宗教的な偏見で普及が遅れたところもある。のちにヨーロッパではジャガイモを主食にする国さえ生まれたことを考えると、香辛料のトウガラシを偏見のせいで中国の人たちが食べようとしなかったことも理解できる。

おそらく、トウガラシ利用で有名な成都でも長く同じ状況にあったのではないだろうか。先に紹介した張競氏が興味深い例を紹介しているからである。それは、一九二〇年代に中国を訪れた言語学者後藤朝太郎《ごとうあさたろう》が『支那料理通《しなりょうりつう》』のなかで述べている次の一説である。

> 四川料理の如《ごと》きに至っては野菜料理の特色を表わして、野菜が主となり、日本人の口に大層合っているのである。[4]

張競氏によれば、この本は作者が中国での見聞にもとづいて書いたものだから、当時、四川料理には辛いというイメージがまったくなかったことがうかがえるという。

こうして見てくると、四川省におけるトウガラシ利用の歴史は意外に新しいのかもしれない。日本における食文化研究の第一人者である石毛直道氏も四川料理について次のように述べている。

四川人といえども辛い料理ばかり食べているわけではない。四川料理全体のなかでは辛味のある料理はむしろ少数派である。とくに、高級な宴席料理になると、辛さをひかえるのがふつうだ。辛さで舌を麻痺させてしまうと、他の数多い料理の味がわからなくなってしまうし、やたらに辛い味は上品とはいいがたいというのである[5]。

どうも、わたしたちは四川料理というと辛い料理をイメージしがちだが、この石毛氏の記述にもあるように、必ずしもそうではないようだ。これを逆から見れば、辛い四川料理はいまだ発展途上にあるといえるかもしれない。四川でトウガラシがさかんに使われるようになったのは、せいぜい一〇〇年くらい前のことであると推定できるが、それから急速にトウガラシの利用が浸透していったからである。この急速なトウガラシの普及ぶりを見ると、今後中国では西南部だけでなく、他の地域にもトウガラシ食が広がってゆく可能性を秘めていそうだ。

トウガラシのきた道

それではトウガラシはどのようなルートで中国に到達したのであろうか。これには陸路と二つの海路、計三つのルートがあったようだ。ひとつ目は陸路で、中央アジアからシルクロードを経て中国西部の新疆《しんきょう》、甘粛《かんしゅく》、そして西安《せいあん》へたどりついたという説である（口絵18）。海路のひとつ目は、トウガラシの原産地のひとつであるメキシコから太平洋を横断し、フィリピン経由で大陸にたどりついたという説である。メキシコとフィリピンに拠点を築いていたスペイン人が船で運んだと考えられるのだ。その背景には、メキシコとスペイン人が拠点としていたフィリピン・ルソン島の間で大型帆船を使った交易ルートが十六世紀末にはひらかれていたこと、そして同じころスペインの駐フィリピン総監が中国福建《ふっけん》省に使節団を派遣し、まもなくルソンと福建省の間で交易が始まったことなどの事情がある。これらの経緯を考えると、スペイン人の貿易船が中国南部の福建省か浙江省あたりにトウガラシを最初に持ち込んだ可能性もある。

海路によるルートが、もうひとつある。インドの植民地であるゴアを拠点としてポルトガル人が東南アジアで新たに植民地にしたマカオを経て中国南部の広東省や広西《こうせい》チワン族自治区あたりに上陸、そのときにトウガラシを伝来したと考える説である。

このうちのどのルートが正しいのか、それは明らかではないが、少なくとも、このうちのどれかのルートを経てトウガラシは中央アジア、南アジアあるいは東南アジアから中国に伝来したのであろう。その由来を物語るように、現在も中国ではトウガラシは西南部に栽培が集中し、四川はそのセンター的な位置を占めている。

このような状況のなかで、例外的なところがある。それは、中国の東北部（旧満州）に居住する約二〇〇万の朝鮮族、中央アジアやシベリアに居住する約四〇万の朝鮮族である。彼らの食習慣や日常習慣は出身地である朝鮮半島の習慣を色濃く反映しており、トウガラシについても食生活のなかで必須《ひっす》のものとなっているのだ。

トウガラシ好きのチベット人

先に「広大な土地をもつ中国では、トウガラシ利用に関してかなりの地域差があるようだ」と述べたが、これは民族によっても大きな差がありそうだ。中国は国民の大部分を占める漢《かん》民族のほかに、五五もの少数民族がおり、さかんにトウガラシを利用する民族と、あまり使わない民族がありそうなのである。

さかんにトウガラシを利用する代表的な民族が、雲南省に住むチベット族である。彼らの大半はチベット高原のチベット自治区に住むが、その一部が雲南省にも分布しているのだ。そして、この雲南省に住むチベット族がやはり「トウガラシ好き」なのである。ただし、わたし自身は雲南省を訪れたことはない。そんなわたしが、ここで彼らのことを取り上げようとするのは、長年にわたり雲南省に通いつめている写真家で知人の小林尚礼氏のおかげである。

小林氏は、雲南省のチベット人の家に住まわせてもらいながら、周辺の自然や人びとの暮らしを長年撮影してきた。そして、かつてわたしが編集した『トウガラシ讃歌《さんか》』という本に、「トウガラシ好きのチベット人——中国雲南省」と題する貴重な報告を寄稿してくれたのである。したがって、以下ではこの報告を抜粋して、雲南省のチベット族のトウガラシ利用を紹介しよう[6]。

小林氏によれば、チベット自治区で食べられている昔ながらのチベット料理にはトウガラシはほとんど使われず、重宝して薬に入れるぐらいだそうだ。しかし、雲南北部のチベット人は、チベット仏教を信仰してヤクを飼うというライフスタイルはチベット人そのものだが、トウガラシ好きである。

小林氏が滞在したムロン村は、約三〇〇人のチベット人が暮らす、そのあたりでは標準的な村だ。ヤ・チュ（メコン川上流の瀾滄江《ランツァンジャン》）の大峡谷の底にあり、わずかな平地を耕して、広大な山で放牧しながら暮らしている。標高が二三〇〇メートルと低いために夏は暖かく、冬でもそれほど雪は降らない。

村での食事の基本は、裸オオムギでつくったツァンパと、ヤクのバターを使うバター茶である。これはチベット中央部と同じだ。だが、温暖なこの土地ではそれ以外の食べものも昔から多かったと、四十八歳の村長はいう。「昔」とは、彼らが長老から直接聞いた範囲の時代だろう。たとえば、自家製のコムギやソバでナンのような平焼きパンをつくり、トウモロコシのツァンパを食べてきた。また、ジャガイモやカブ、雑穀もあったし、クルミや花ザンショウを採ることも多かった。そして、トウガラシも昔からあったという。

このあたりの村では、以前から各家でトウガラシを栽培していて、一軒で一年に一〇〇キログぐらい収穫したらしい。それだけあっても充分ではなく、大切な客が来ても少量しかあげられなかったという。今では町の市場で種々のトウガラシを買ってくるが、昔から栽培していた種はひとつだけで、生で食べても乾燥させてもおいしい。滞在した家では一日に一回はトウガラシの料理が出た。チベット人の村でどんなトウガラシ料理が出たのか、それを以下で紹介しておこう。

チベット人のトウガラシ料理

○バセー

新鮮な青トウガラシを、そのまま食べるもの。村に昔からある品種はそれほど辛くなく、生食に向いている。このあたりでは、ほかに生で食べる野菜がなかったので、このみずみずしい緑の味は貴重。

写真6—1　トウガラシの炒め物バカン・ホン（小林尚礼氏提供）

○バカン・ホン（写真6—1）

乾燥させた赤トウガラシを、多めの油で炒めたもの。塩をまぶして食べる。バセーとともに、トウガラシそのものを食べる貴重な野菜料理である。熱い油ですばやく炒めるのがコツで、時間をかけると焦げてしまう。カリッとした軽い歯ざわりがあって香ばしく、辛さとともに甘さが引き立つ調理法だ。

町のレストランでは乾燥トウガラシとともに、ゾム（ヤクとウシの交配種）の薄切り肉をカリッと揚げた料理を見かける。赤トウガラシのなかに肉が見え隠れしていて、その肉だけをひろって食べるのだが、トウガラシの香りと辛さが肉にしみこんでいてうまい。だが、皿を埋めつくすトウガラシはほとんど残される。このトウガラシはとても辛いのだ。

写真6―2　雲南のトウガラシ料理ダカ・バチャ。ダカとは乳製品と香辛料のスープ（小林尚礼氏提供）

野菜として食べるトウガラシと、風味づけのトウガラシは違うのだ。

○乳腐《ルーフー》

乳腐とは、麹で発酵させた豆腐である。沖縄料理の豆腐餻《よう》に近いもので、その原形ともいわれている。豆腐餻ほど酒の味が強くないので、食べやすく、ご飯のおかずになる。中国各地で食されるが、雲南や四川ではトウガラシを入れて塩気を多くしたものが好まれる。いわゆる発酵食品の味だが嫌な臭《にお》いはなく、強いていうならピリッと辛い味噌とチーズをあわせたような味である。

○バチャ（ダカ・バチャ）（写真6―2）

これは、トウガラシとともにさまざまな香味料が入ったスープのようなものだ。材料は、乾燥トウガラシのほかに、ニンニク、ネギ、花ザンショウ、チュビと呼ばれる香草、乾燥キノコなど、そして塩。チュビは、日当たりのいい乾燥した山の斜面に自生するハーブで、甘くいい香りがする。乾燥キノコは種類を選ばないが、ネントといわれる五センチぐらいの茶色いキノコがあうという。ニンニクやネギは買ってきたものを入れてもいいが、昔はギョウジャニンニクや自生するネギを使っていただろう。すべての材料は、この土地で採れるものなのだ。

材料を容器に入れてお湯を注げばできあがり。汁を口に含むと、はじめ香草の甘い香りが漂って、あとに香味料が複雑に交じりあった味わいが口中に広がる。トウガラシは辛さよりも香りが引き立つ。地元産の香辛料・香味料が勢ぞろいしてハーモニーを奏でる大人の清涼飲料である。汁がなくなったらふたたびお湯を足せばよく、味がなくなるまで何度でも飲める。バチャを飲むと体が温かくなり、風邪にも効くようだ。

○バツィ

バツィは、香味料たっぷりの中華風ソースで、平焼きパンにつけて食べる。材料は、粉末のトウガラシ、ニンニク、ネギ、ショウガ。粉末のトウガラシは、小さな臼と杵で乾燥トウガラシを自分で砕いてつくる。材料を器に入れて、熱したクルミ油を具が浸る程度に加える。そこにお湯を注げば完成。クルミ油の柔らかさとトウガラシの辛さが溶け合って、ニンニクやネギのパンチが効く。油気のない平焼きパンにあうソースだ。中華料理のタレでも似たようなものはあるが、地元産の材料だけでできることがミソだろう。

◯ジャガ・バチャ

ジャガとはトマトのこと。トマトと青トウガラシの冷製オードブルである。飲み物のバチャとは違って、ジャガ・バチャは具を食べる料理だ。村長の家では見たことがないが、町の食堂へ行けば食べられる。材料は、新鮮なトマトと辛い青トウガラシ。そこに香菜《シャンツァイ》、ニンニク、ネギなどのみじん切りを加えて、粉末トウガラシと塩を振りかけて、少々水を加える。この料理に使う青トウガラシは非常に辛い。だが、青トウガラシを除《よ》けてトマトを食べると、トマトの甘みとタレの旨味《うまみ》、トウガラシと香菜の香り、ネギとニンニクの味わいが、ピリピリとしたハーモニーを醸し出す。絡み合った旨味が意外で、しばらく箸《はし》が止まらなかった。夏に食べると大汗が出て涼しくなると、チベット人たちはいう。ジャガ・バチャに似た料理は、中華のほかに東南アジアにもありそうだが、雲南北部のチベット文化圏でも愛されてきた味なのだ。

以上、雲南北部に住むチベット人のトウガラシ料理を小林氏の報告によって紹介してきたが、ここに記した内容は五〜一〇年ほど前までのこの土地の姿である。現在は、中国内のグローバル化に伴って、漢人の食文化がより浸透している。実際、わたしはチベット自治区の

写真6―3　火鍋。火鍋はもともと寄せ鍋のことだったが、最近はとても辛い激辛の火鍋になっている（小林尚礼氏提供）

ラサおよびその周辺地域を、この一〇年ほどの間に三度訪れているが、行くたびに漢民族の増加に驚いている。ラサにも四川料理店が多数出現して、激辛好みのチベット人が増えているようだ。街頭では、トウガラシで真っ赤になった麺類《めんるい》を売る店も目立つ（本章扉写真）。レストランに入れば、いまや中国中で人気のある激辛の「火鍋」を囲む人たちも多い（写真6―3）。

ちなみに、火鍋は中国四川省が発祥地とされる料理で、中央を仕切った丸鍋のなかにトウガラシやサンショウなどの二種類の調味料を別々に入れて肉類や野菜などを煮立て食べるものである。

こんな光景を目にして、わたしは疑問に思ったことがある。それは、一体これだけ大量のトウガラシをチベットのどこから運んでくるのだろうということであった。それというのも、ラサは標高が三六〇〇メートルもあり、温暖な気候を好むトウガラシは栽培できないと思ったからである。ところが、驚いたことにトウガラシはラサ近郊の村でも栽培しているのだ。ただし、そのままでは気温が低すぎるので、ビニールハウスをつくり、そこで栽培しているのであった。

野生のトウガラシ?

中国は国土が広く、それだけに地域によって料理の味が異なっている。そのため、それぞれの地域による味の特徴を表すのに、「東酸《サン》、西辣《ラー》、南甜《テン》、北鹹《カン》」という言葉があるそうだ。[7] つまり、東の料理には酸味が利いており、辣油の辣が示すとおり西の料理の特徴は辛みがあり、南の料理は甘みが強く、北の料理は塩味が利いているというわけだ。たしかに、これまで見てきたように四川に代表される西の料理の特徴は辛みであり、その辛みで中国西南部はトウガラシの「ホット・スポット」といえそうだ。

そのせいか、中国のトウガラシに関しては面白い説もある。中国南方と熱帯地区には野生のトウガラシが分布しているというのだ。その説を中国における食文化研究者である周達生氏の著書『中国の食文化』に引用された文を紹介しておこう。

わが国南方と熱帯地区にも、原生の野生トウガラシがある。雲南省西双版納《シーサンパンナ》、思茅《スーマオ》、瀾《ラン》滄《ツァン》一帯には、野生の「涮《シュアン》辣《ラ》椒《ジャオ》」が分布する。一年生。小円果をつけている。もう一種のほうは「小米辣《シャオミーラ》」と称するものだ。多年生のトウガラシの「木」になる。これらの野生種は、辛味が強烈で、長期にわたって、採集されてきたままの原初的状態を示すものである。という次第であるので、新旧両大陸とも、トウガラシの原生植物の分布があると見なせよう。ただ、南米産のそれは、栽培化が早くにあり、多くの品種を作ってきたが、アジアのそれは、野生のままで、採集の対象になっている状態にすぎないだけである。[8]

これまでトウガラシは中南米原産であると述べてきたが、この説はそれを否定し、新旧両大陸に分布しているという。はたして本当にそうなのか。もしそうなら、これまでの学説を変えなければならないが、わたしにはそうは思えない。それというのも、昔からトウガラシの野生種が中国に自生していたのなら、なぜ中国では栽培化されなかったのかという疑問が生じるからである。また、なぜ中国の古い文献にはトウガラシが登場しないのか。

少なくとも、この文中のうちの一種は日本の沖縄や小笠原《おがさわら》などにも自生しているキダチトウガラシではないかと推察される。「多年生のトウガラシの木になる」「辛味が強烈」という記述はキダチトウガラシのそれとそっくりだ。そして、このキダチトウガラシはその種子が鳥などによって運ばれ、温暖で適当な雨が降るところでは、自然に発芽し、実をつけることも知られているのだ。

スイスの植物分類学者、ドゥ・カンドルは名著『栽培植物の起原』を一八八三年に出版し、その価値はいまなお認められているが、そのなかでトウガラシの起源について次のように述べているのだ。

私は、トウガラシ属の凡《すべ》ての種が旧世界の原産物でないという見解を述べざるを得ない。私は完全に実証することは出来ないが、それらの全《すべ》てのものの原産地がアメリカであると信じている。私の理由というのは次の通りである。その果実は、非常に目立ち、菜園において非常に容易に得られそして熱い国々の住民にとっては非常に気持ちのよい味をもっているから、時々想定されたように、もしそれがアジアの南部に存在していたならば、旧世界において非常に急速に弘《ひろ》まっていたであろう[9]。

第七章
「トウガラシ革命」

——韓国

さまざまなキムチ（龍仁市場）

「南蛮椒には大毒がある」

韓国といえば、白菜やダイコンがトウガラシで赤く染まったキムチを思い浮かべる人が少なくないだろう。それも当然で、キムチは韓国人にとって不可欠な食品である。しかし、キムチにトウガラシが使われるようになったのは、今から二五〇年ほど前のことでしかない。韓国のトウガラシも、もとはといえばアメリカ大陸から導入されたものだからである。

　意外なことに、文献記録によれば、朝鮮半島に初めてトウガラシが伝えられたのは、日本からだったとされる。その文献とは、一六一三年に編まれ、翌年に出た『芝峰類説《チボンリュソル》』（李睟《イス》光《グワン》著）である。この文献によれば「南蛮椒《ナムマンチョ》には大毒がある。倭国《わこく》からはじめて来たので俗に倭芥子《ウエギョジャ》（にほんがらし）というが、近ごろこれを植えているのをみかける。酒家（酒をつくって飲ませる店）では、その辛さを利用して焼酒《ソジュ》（焼酎《しょうちゅう》）に入れ、これを飲んで多くの者が死んだ」という[1]。

　この文献どおり、トウガラシが日本から朝鮮半島へ伝えられたとすれば、それはどのようにしておこなわれたのであろうか。文中に、「近ごろこれを植えているのをみかける」とあることから、伝播の時期はもう少し早く一六〇〇年代ころであったかもしれない。だとすれば、思いあたることがひとつある。それは豊臣秀吉《とよとみひでよし》の朝鮮出兵（一五九二―九八）である。つまり、日本から朝鮮半島へ派遣された兵士がトウガラシを持ち込んだと考えられるのである。後述するように、当時、すでに日本ではトウガラシが普及していたからである。

なお、先の文献のなかで、「トウガラシには毒がある」と述べられているが、これは事実に反し、トウガラシに毒はない。おそらく、これまで経験したことがないほどに強烈な辛みが人を驚かせ、毒があると思わせたのであろう。また、警戒心から毒があるという噂《うわさ》が広がったのかもしれない。

この「トウガラシには毒がある」という噂のせいか、朝鮮半島ではトウガラシはなかなか広がらなかった。したがって、当時はキムチにもトウガラシは使われていなかったのである。ただし、キムチそのものはあった。キムチとは、簡単にいえば漬け物のことであり、これは古くからの伝統的な食品であった。そして、高麗《こうらい》時代のキムチは、野菜類のほかに、香辛料としてニンニクやショウガなどが中心のものであったとされる。また、キムチの色づけには、各種の果物が使われていたようだ。

実際に、朝鮮半島にトウガラシが伝播してから一〇〇年近くたった十七世紀後半になっても、トウガラシはキムチに使われていなかったと考えられる記録がある。それは、一六七〇年ころに編まれた李時明《イシミョン》夫人による『飲食知味方《ウムシクチミバン》』である。[2] これは、夫人が、自分のつくっている各種料理類の料理法を細かに記し、嫁ぎゆく一家の女性たちに書き写してもたせたものである。これに各種の漬け物が出てくるが、キムチづくりの材料にトウガラシはまったく見られないのである。

では、トウガラシは、一体いつからキムチに使われるようになったのであろうか。韓国料理に詳しい鄭大聲《チョンデソン》氏によれば、一七六六年に刊行された『増補山林経済』に、キムチにトウガラシを使う漬け物の記述がようやく出てくるそうだ。その記述によれば、葉つきのダイコンにミル（海草）、カボチャ、ナスなどの野菜とともにトウガラシ、サンショウ、芥子《からし》などの香辛料を混ぜ、ニンニク汁をたっぷり加えて漬けている。このほかに水分たっぷりの水《ムル》キムチと呼ばれる冬沈《トンチミ》、白菜キムチ、ナスのキムチ、アワビ入りキムチ、カキ（牡蠣）入りキムチなど、今もあるキムチのほとんどが、この書物には見られるそうだ。

ここで注目すべきことは、キムチの材料に野菜類だけでなく、魚介類も含まれるようになっていることだ。後で詳しく述べるが、トウガラシの辛み成分であるカプサイシンは魚介類の脂肪成分の酸敗を防ぐ効果があるうえ、魚や肉類の生臭い匂いや味もトウガラシとよく調和するからである。おそらく、このトウガラシとキムチの出会いが、のちの塩辛類のキムチを生み出したのであろう。ここにキムチ食文化がいっきに開花することになったと考えられる。

キムチが開花した社会的背景

もしそうだとすれば、ちょっと気になることがある。それは、なぜ朝鮮半島に近い日本ではキムチのような食品が生まれなかったのかという疑問である。日本では、キムチどころか、トウガラシは七味唐辛子の一味くらいにしか使われない。この差はどのようにして生まれたのだろうか。これは、結論から先にいえば、朝鮮半島と日本では食文化が大きく異なっていたからのようだ。これを知るためには、少し歴史をさかのぼってみる必要がある。

朝鮮半島に最初に定着したとされる貊《メック》族は、中央アジア系の牧畜を主とする民族であった。朝鮮半島の有名な料理である焼肉も、そのルーツは遠く中央アジアの遊牧民族の生活にあるようだ。しかし、この伝統は四世紀ころ中断されることになる。朝鮮半島に仏教が伝来し、動物の殺生が禁じられたからだ。この仏教は日本にも伝来し、天武《てんむ》四年（六七五）に天武天皇が公布した「殺生禁断の詔《みことのり》」以降、一〇〇〇年以上にわたって明治維新まで日本では殺生禁止の時代がつづくことになったのである。

しかし、朝鮮半島では事情が異なっていた。一二三一年、大陸からチンギス・ハーンの帝国、モンゴル族が押し寄せ、高麗王朝はその属国となった。そして、モンゴル族は食用のためにモンゴルから多数の牛馬を導入し、一二七六年には済州島《チェジュド》で大々的に放牧するようになり、これを食べた。当時、朝鮮半島では仏教の戒律で殺生と肉食が禁じられていたが、一般大衆もモンゴル族に従うように肉を食べはじめ、これが広がって肉食が復活することになったのである。

ここで問題となるのが、肉を食べるときに使われた香辛料である。当時はまだトウガラシが伝来する前のことであり、何が香辛料として使われていたのだろうか。そもそも、当時の朝鮮半島にはどのような香辛料があったのか。鄭氏によれば、十八世紀の半ばごろ、サンショウ、ショウガ、ニンニク、コショウ、芥子などの辛み香辛料が使われていたとされる[3]。このうちサンショウが、キムチに使われていたとされる十七世紀末の記録もあるそうだ。

さて、それでは、これらの香辛料のなかで何が肉料理に使われたのであろうか。それは主としてコショウであったようだ。コショウはトウガラシ以前にも朝鮮半島にあったし、肉料理にもよく調和するからである。文献のうえでは、一三八九年に琉球《りゅうきゅう》国がコショウ三〇〇斤を高麗政府に進呈したのが最初の記録だとされる。

モンゴル族の朝鮮半島支配は一三〇年あまりで終わったが、肉を食べるという習慣はなくならなかった。一三九二年に高麗王朝が滅亡、その後に成立する朝鮮王朝は仏教を排し、儒教を崇《あが》める崇儒排仏政策をとったからである。これによって、殺生も肉食も許されることになった。こうして、朝鮮半島における肉食文化は深く、そして広く浸透していったようだ。

このころからコショウの輸入が次第に増え、人びとの生活に本格的にかかわってくるようになる。そして、この朝鮮王朝時代を通じて、コショウの主な輸入元は日本であった。じつは、コショウは熱帯アジア原産の作物であり、朝鮮半島でも日本でも栽培できない。そのため、コショウは南蛮渡来の交易品であり、ふつうオランダ船で琉球国を経て日本に持って来られたのである。

しかし、肉食を禁じられていた日本ではコショウの使い道があまりなかった。そこでコショウは日本国内での消費よりも、朝鮮に対する交易品として扱われるようになったのである。このころ、朝鮮半島ではすでに肉食禁止のタブーから解放されていたので、このコショウの輸入によって肉食文化はいよいよ深く浸透していったに違いない。

実際、朝鮮半島ではウシやブタだけでなく、ウマやイヌなどの肉も食用として利用されていた。さらに、肉だけでなく、内臓も食用としていた。一八九四年から九七年にかけて朝鮮を旅行した作家のイザベラ・ビショップが一八九八年に『朝鮮紀行』を刊行しているので、それによって当時の食事の状況を見てみよう。

朝鮮の人々は何でも食べる。犬肉は季節によってはとても需要が高く、また食用犬は広く繁殖されている。それぞれ生あり干したものあり塩漬けありの豚肉、牛肉、魚肉、動物の腸。あらゆる鳥と猟獣はなにひとつ捨てずに食べる。頭も爪も内臓もつけたまま焼いた家禽《かきん》は「太らせた仔牛《こうし》」に匹敵するのである。料理法は必ずしも重要ではない。漢江《ハンガン》でわたしは男たちが釣った魚から釣り針をはずし、赤トウガラシのソースをつけて骨ごと食べるのを目にしたことがある。[4]

トウガラシが朝鮮半島で多用される理由

このように朝鮮半島と日本では肉食に対する姿勢が大きく異なっていた。そして、これがトウガラシの利用にも反映されたのであろう。それというのも、当初肉類の香辛料として使われていたコショウは朝鮮半島に産するものではなく、もっぱら日本からの輸入に頼っていたため高価であり、それゆえに栽培が容易で安価なトウガラシがコショウに取ってかわったと考えられるからである。トウガラシは朝鮮半島でも容易に栽培できたし、魚や肉類の匂いや味とよく調和したからである。

しかし、これだけで朝鮮半島でトウガラシが多用される理由として充分なのであろうか。じつは、これについてはさまざまな説が唱えられてきた。それをまとめて佐々木道雄氏はその著書『キムチの文化史』で次のような説を紹介している。[5]

①気候説　冬の寒さを跳ね返すため。あるいは、夏の暑さをしのぐため。
②貧困説　少しのおかずで食事をすませるため。
③栄養説　冬に不足するビタミンの補給源とするため。あるいは、朝鮮王朝時代にお茶を飲む習慣が禁止されこれにかわるビタミン源が必要となったため。
④塩の供給不足説　塩の供給不足をトウガラシの辛さで補うため。
⑤食伝統説　肉食に必要な香辛料として、サンショウやコショウにかわって定着した。
⑥辟邪《へきじゃ》信仰説　トウガラシの赤色と辛さが、病の源になる鬼神を遠ざけるとする信仰のため。

なお、佐々木氏は「これらのほとんどはとるにたらない単なる思いつきに過ぎない」と述べている。わたし自身は、これらの説は地域によって、あるいは民族によって異なるだろうし、ひとつの理由だけでなく、複合した理由で説明できるのではないか、と考えている。ただし、⑥の辟邪信仰説は少なくとも朝鮮半島では一定の説得力がある説のようだ。

トウガラシ利用に関する民間信仰

実際、朝鮮におけるトウガラシの利用について興味深い記述がある。それは、朝鮮半島における民間信仰を調査した報告である。朝鮮総督府が刊行した『朝鮮の鬼神』がそれである。いささか長くなるが、きわめて重要な記録なので、以下にその部分を引用しておこう。

朝鮮食に欠くべからざる主要な副食物はキムチーと言う漬物であり、貧富貴賤《きせん》、老若男女の区別なく、毎《つね》にその食膳《しょくぜん》に上《の》ぼされるものであるが、このキムチーが主に飲食による防鬼退鬼と言う重要なる役目を遂行して居《お》るものである。この重要なる任務は世人一般には疾《はや》くに忘れられてしまったから、キムチーは只《ただ》、その「味」に重きを置き、これを作るものは只「うまいもの」にせんと努めるようになったが、唐辛子による「辛」とニンニク等による「臭」とがキムチーになくてならぬものであるとされて居る間は幸《さいわい》である。

（中略）

唐辛子やニンニク等の辛きもの、臭きものが朝鮮料理にはなくてならぬものであるが、悪鬼の好物である飯にもまた防鬼の調味をなすものがある。飯には辛きもの臭きものの如く味覚、臭覚に訴えるものを使用する代りに視覚に訴えるものを以《もっ》てする。それは赤色である。すなわち赤小豆を混ぜ、または大棗《おおなつめ》を混ぜて飯を炊くのである。この赤小豆飯は昔から悪鬼払の時に用いられたもので、現今でも冬至にはこれを炊いて悪鬼を払う習慣が残って居るところから見ても、赤小豆飯食用は単に経済的見地、または衛生的見地からだけでなく、悪鬼の身体侵入を防御するためにほかならない。したがってこの赤小豆飯は中流以上上流階級の間にも深く常用されて居るのである。

朝鮮料理は唐辛子料理と評し得るが如くほかの香料よりも多量に使用し、あるいはこれを刻み、あるいは粉にし、汁にして、あらゆる食物に調味加味するが、これはほかの辛味に比し、赤くして辛いという色と味と両者において悪鬼の嫌悪するものであるがためで、単に味が好《よ》いとか、沢山収穫し得るからでは決してない。[6]

これは日本人による記録であるが、韓国人研究者の李盛雨《イソンウ》氏も、同様のことを次のように述べている。

（朝鮮）半島では病の神が赤い色を忌み嫌うと言われています。半島の乙女たちのお下げ髪に結ぶリボンは赤い色です。また、乙女たちが鳳仙花《ほうせんか》の花びらで指を赤く染める風習があります。これは病の神を追い払うという考えから来たのではないでしょうか。また、病の神は醤油《しょうゆ》を好むといわれていますから、醤油のかめに赤いトウガラシを浮かべておきます。そして、トウガラシの品質のよし悪しは今でも色合いで判別します。色が赤いほど見ばえもよく、病の神を追い払うと考えたでしょう。また、トウガラシは非常に辛いものですから、病の神が近寄れず、これを食べれば体の中に隠れていた病の神がびっくりして逃げ出すと考えました。[7]

ソウル近郊にて

さて、これまでは主として文献から韓国におけるトウガラシの利用法を追ってきたが、実際には韓国人とトウガラシの関係はどうなっているのだろうか。とくにキムチはどのようにしてつくられるのだろうか。今では日本でもキムチづくりはおこなわれているが、やはりわたしは本物のキムチづくりを見たいと思った。

そこで、二〇一三年十一月末に韓国に向かうことにした。通訳をお願いしているキム・ナギョンさんから「キムチづくりを見せてくれる家があった」という連絡が入ったからである。ナギョンさんとソウルのホテルで落ち合ったわたしは、その足で可楽《カラク》市場に行った。可楽市場はソウル最大の野菜市場であり、キムチに漬け込む野菜も各種あるという情報を得ていたのである。

可楽市場に到着するや圧倒されたものがあった。それは大型のトラックに満載された白菜である（写真7―1）。産地から到着したばかりなのであろう、周辺にはトラックから白菜を

写真７—１　キムチ用にトラックで運搬されてきた白菜（可楽市場）

おろす光景も見られる。そして、白菜の山に埋もれるようにしてダイコンやネギ、ニンニクその他の野菜を売る女性もいる。キムチづくりのシーズンが到来したのである。

じつは、キムチは韓国では四季を問わずつくられているが、そのなかでもっとも重要なキムチが冬越し用のものなのだ。そのため、かつては冬越し用のキムチづくりは家族総出で作業にあたったそうだ。このような作業はキムジャンの名前で知られているほどだ。そして、冬用のキムチづくりの準備は気温が低くなる十一月末を待って始められる。通訳のキム・ナギョンさんはこの時期を待って、わたしに連絡してくれたのであった。

この可楽市場でわたしたちはキムチづくりを見せてくれるという女性に会った。チョン・オクヒさんという主婦だ。日本では韓国人の対日感情が悪いと聞いていたので少し緊張したが、オクヒさんは笑顔で迎えてくれた。聞いたところによれば、オクヒさんの親戚《しんせき》のなかには日本で暮らしている家族もいるそうで、それも関係しているのかもしれない。

オクヒさんは可楽市場で野菜などを購入し、それを乗用車に満載して家に向かった。オクヒさんの家は、ソウルから南に約四〇キロ、車で一時間半ほどの龍仁《ヨンイン》市にあった。龍仁はソウルのベッドタウンになっているらしく、高層のアパートが林立している。オクヒさんのアパートもその一角にあった。間取りは日本のマンションとあまりかわらず、台所の横にリビングがついている。そこを使ってキムチづくりは始まった。

ただし、オクヒさんひとりでなく、親戚の韓《ハン》さんが駆けつけてきた。大勢でキムチづくりをするときは五〇〇個くらいの白菜を使うそうだが、今回は二家族分だけをつくるので白菜は二五個だけ使うそうだ。また、アパートの一室でおこなうのでさまざまな工夫も必要だそうだ。じつは、ソウルやソウル近郊の住人にはアパート住まいの人が多く、そこでは人手も道具も手に入れにくいため、キムチづくりをやめてしまった人が少なくないのだという。なかにはスーパーで買ってきたキムチを食べる人もいるらしい。

「でもね、キムチはやっぱり自分で漬けたものじゃないとね」とオクヒさんはいう。「キムチのつくり方は家庭によって違うし、味も違うからなの」。

かつて日本でも漬け物は各家庭でつくっていたし、味も違っていたはずだ。だからこそ、漬け物も「オフクロの味」となり得たのだろう。わたしの小さいころ、わが家でも漬け物を漬けていて、ときどき、母親が重石《おもし》をとって味見していた光景がよみがえってくる。今では漬け物を自分の家でつくる人は日本ではほとんどなくなったが、韓国ではいまだにその伝統が生きつづけているのだった。

さて、キムチづくりは白菜を切ることから始まった（口絵20）。八畳ほどのリビングの中央に腰をおろした韓さんは包丁で白菜を縦半分に切る。そして、ヘタ（茎）の部分に切れ込みを入れておく。これは白菜の葉がまんべんなく広がるようにするためらしい。韓さんとオクヒさんはおしゃべりをしながらも手だけは休めない。韓さんのまわりは切った白菜が山積みになってゆく。

これを横目で見ながら、オクヒさんは台所の流し台に湯をため、そこに大量の塩を入れる。そして、そこに切ったばかりの白菜を入れ、手でよくもみ洗いする。これで、白菜は柔らかくなり、葉全体に塩分もゆきわたる。この作業に、キムチを大量につくる家では風呂《ふろ》の湯船を使うのだそうだ。白菜を切り終わったら、大きなビニール袋に入れて、ベランダに一夜置く。アパートの部屋のなかは暖かいので、屋外の冷気にさらすのだ。なお、今ではビニール袋を使っているが、かつては「トク」という専用のかめを使っていたという。

キムチ冷蔵庫

そこで今日の作業は終わり、翌朝から再開するという。一晩置いた白菜は柔らかくなるので、それを使ってキムチの具を入れるのだそうだ。そのため、わたしはいったんソウルのホテルに帰り、翌朝ふたたびオクヒさんの家に向かった。そして、わたしたちの到着を待っていたかのように作業はすぐに始まった。ただし、今日も作業をするのはオクヒさんと韓さんだけである。わたしは親戚一同が大勢集まって作業をするものだと思っていたので、これは意外だった。今でも地方ではそうらしいが、都市部ではこれがふつうなのだそうだ。

翌日の作業は、キムチに入れる具づくりから始まった。まず、葉を落としたダイコンを千切りにし、これにトウガラシの粉をまぶして手でかきまぜる（口絵21）。もちろん、手にはゴム製の手袋をつけて作業する。トウガラシによる刺激を避けるためである。この作業で、白かったダイコンはあっという間に真っ赤になる。なお、このトウガラシは韓国産でなければならないという。最近は韓国でも中国産トウガラシが普及しているが、中国産トウガラシは甘くないし、舌ざわりもよくないからだという。

このトウガラシは、韓国では次の三種類に大別される。

①オイゴチュー

②チョンヤンコチュ
③ホゴチュー
①のオイとはキュウリのことであり、このトウガラシがキュウリの味がすることに由来する。また、キュウリのように生でも食べられる。
②のチョンヤンコチュは激辛のトウガラシで、外国産のトウガラシの多くがこの種類だそうだ。
③のホゴチューはマイルドなトウガラシで、さまざまな料理に使われる。オクヒさんの家でもトウガラシはホゴチューだけを使い、激辛トウガラシは使わないという。
ここでちょっと付け加えておきたいことがある。それは、日本人のほとんどがトウガラシといえば辛いとしか感じないが、韓国人は辛さとともに甘みも重要視することだ。甘いトウガラシなんてあるのかと思う人もいるかもしれないが、辛くないトウガラシは程度の差こそあれ甘みがあるものだ。そのため、辛くないトウガラシは日本では一般に甘味トウガラシと呼ばれているのである。たとえば、ピーマンやシシトウ、万願寺《まんがんじ》トウガラシなども甘味トウガラシなのだ。

さて、真っ赤に染まったダイコンの千切りにはさまざまなものを次々に加えてゆく。それを順不同で次に列挙しておこう（写真7―2）。

写真7―2　トウガラシの粉のほかにも、ダイコンの千切りにさまざまな具を加える

・千切りにしたネギとセリ
・つぶしたニンニクとショウガ
・ゴマ（白ゴマと黒ゴマ）
・モチ米の糊《のり》
・生エビ
・発酵したエビ（少量）
・梅の蜜《みつ》
・生ガキ

これらをすべてかきまぜながら、オクヒさんたちはときどき指でつまんで味見をしながら、トウガラシの粉や塩を加えてゆく。たとえば、モチ米の糊はキムチにとろみと甘みをつけるためなので、不足していると感じたときは、これを追加する。充分に混ぜあわせた具は、白菜の葉の一枚一枚の間に丹念に塗りつけ、最後は白菜の外葉で包んで形を整える。

ちょうどレンガのような形と大きさをした長方形のものだ。

これを、かつてはかめに漬け込み、土中に埋めたが、アパート住まいでは、それはできない。そこでオクヒさんの家ではプラスチックの容器のなかに入れ、びっしりと層をつくるようにキムチを積み上げてゆく。そして、それをキムチ専用の冷蔵庫に入れて約一ヵ月間保存する。冷蔵庫の内部は常に五度前後に保たれており、これがキムチを発酵させるのに最適の条件になるのである。

ちなみに、キムチ冷蔵庫が普及するようになったのはアパートが増えた一九九五年ころかららしい。ソウルでオリンピックが開催されたのは一九八八年だったから、このころからソウルやソウル周辺では大きな変化が始まり、それがキムチづくりにもおよんだのであろう。

このような変化は今もつづいている。キムチがスーパーやコンビニなどで簡単に購入できるようになり、自分自身でキムチをつくる人が減少しているからだ。また、若い人のなかには発酵した臭いが嫌いという理由でキムチを食べる人も少なくなっているという。実際、わたしの通訳をつとめてくれたナギョンさんも、この一年間は一度もキムチを食べたことがないそうだ。

韓国の暮らしに詳しい鄭氏も、次のように述べている。「以前は女性なら必ずキムチづくりを身につけて嫁いだものだが、昨今の女子大生やＯＬはキムチの漬け方を知らないのみか、食べたがらない[8]」。

トウガラシ革命

それでは、これからのキムチと韓国人の関係はどうなるのだろうか。そんな思いをいだいてオクヒさんの家を辞したわたしを、オクヒさんは龍仁《ヨンイン》の市場に案内してくれた。そこは、可楽市場と違って、野菜は少なく、キムチなどの材料になりそうなものが中心だった。すなわち、明太子《めんたいこ》(スケトウダラの卵)、イシモチ、ニシン、太刀魚、イカ、タコ、カキ、エビなどなど。日本でもなじみのあるコチュジャン(トウガラシ味噌)ももちろんある(口絵19)。

なかでも、トウガラシ屋さんが他を圧倒している。収穫したばかりなのか、大きさも形もさまざまな緑色のトウガラシを売っている店もある。そして、乾燥した赤いトウガラシはいくつもの大きなカゴにうず高く山積みにされている。その間を行く人、人、人。みんな真剣な顔つきでトウガラシを選んでいる。

そんな人波に押されて歩いていると、トウガラシの粉末をつくる店があった。店頭には赤いトウガラシの粉末が売られているが、店の奥には粉砕機らしい機械が見える。そこで話を聞いたところではトウガラシの粉末は、まずトウガラシをビニールなどの上に広げ、一週間ほど天日で乾燥。種子をとったあと、粉砕機にかけて粉にするのだそうだ。オクヒさんの家でもやはり乾燥したトウガラシを専門店に持ち込み、そこで粉にしてもらったそうだ。念のため、わたしは翌日もソウル市の東部にある京東《キョンドン》市場に出かけた。京東市場は、日用雑貨から衣類、食料まであらゆるものがそろうといわれる大きな市場。キムチづくりのシーズンを迎えているせいか、食料品売場は活気を呈している。その一角には、やはりトウガラシ屋さんがあった。その鮮やかな赤い色でトウガラシ屋さんは遠くからでもわかる。そこに近づくと、トウガラシ特有のツンとくる刺激臭も漂ってくる。

その隣にはキムチ屋さんもあった。白菜が真っ赤に染まったなじみぶかいもののほかに、ほんのり赤く染まったキムチもある。これは、韓国北部の特徴的なキムチだそうだ。一般に寒さの厳しい北部では塩もトウガラシもひかえめで、糸トウガラシでほんのり色をつける程度なのだ。塩辛類を入れないことが多く、あっさりした味となっている。一方、南部のキムチは粉トウガラシで真っ赤に染まり、とくに全羅南道《チョルラナムド》はカタクチイワシなどの塩辛類を加えた濃厚な味が特徴になっている。

こうして見ると、ひと口に韓国のキムチといっても、地方によって、家庭によって材料も味も異なっていることがわかる。とにかく、トウガラシはいまなお韓国人の暮らしに不可欠なものになっていることに間違いはない。二〇〇九年の調査によれば、韓国人ひとりあたりのトウガラシの年間消費量は、乾トウガラシで四・〇～四・五キログラム、粉トウガラシで二・〇～二・五キログラムであるのに対し、日本人のトウガラシ消費量はその数十分の一であるというデータもある。つまり、単純計算をすれば、韓国人は日本人の数十倍ものトウガラシを食べていることになる。日本人が韓国人と聞いて、まずトウガラシを連想するのも無理ではなさそうだ。一方で、トウガラシが韓国と日本に伝来してからの歴史をふりかえると、韓国ではキムチに象徴されるように、わずかな間に「トウガラシ革命」が起こったといっても決して過言ではなさそうだ。

第八章
七味から激辛へ

―日本

江戸時代、神田明神の七味唐辛子売り
(『近世商売尽狂歌合』1852より)

「皮の辛さは肝をつぶした」

日本は極東に位置しているが、そこにトウガラシが伝来したのは意外に早かったようだ。トウガラシの日本への伝来については、ポルトガル人が天文《てんぶん》十一年（一五四二）（佐藤信淵《さとうのぶひろ》『草木六部耕種法《そうもくろくぶこうしゅほう》』一八七四）、あるいは天文二十一年（一五五二）に伝えたとされる説がもっとも古い。この説のとおりであるとすれば、コロンブスがトウガラシをヨーロッパに持ち帰ってから、わずか半世紀の間に地球を半周して日本に来たことになる。これは、当時の交通の状況を考えれば驚くべき速さである。

また、豊臣秀吉の朝鮮出兵のおり、文禄《ぶんろく》年間（一五九二〜九六）に朝鮮から持ち帰ったとする説（貝原益軒《かいばらえきけん》『花譜《かふ》』一六九八）もある。ちなみに、この『花譜』ではトウガラシについて次のように記述されている。

文禄年中秀吉公の朝鮮をうち給ひし時。彼地《かのち》より種を持来てはしめて日本に植る故にからい胡椒ともいふ。又西国にて南蛮胡椒と称す[1]。

この文中の「かうらい」は「こうらい」、すなわち高麗のことである。このように『花譜』では、第七章で紹介したのとは逆にトウガラシは朝鮮半島から伝来したことになっているのである。

このほか、トウガラシの日本への伝来については諸説あり、慶長《けいちょう》十年（一六〇五）に南蛮よりタバコと同時に、あるいは相前後して伝来したという説（人見必大《ひとみひつだい》『本朝食鑑《ほんちょうしょっかん》』一六九七）もある。このどちらが正しいのかはいまだ明らかになっておらず、今なお議論がつづいている。

『多聞院日記《たもんいんにっき》』の文禄二年（一五九三）二月十八日の一節には次のような文がある。

こせうのたね尊識房《そんしきぼう》より来、茄子《なす》たねうえる時分に植とある間《あいだ》今日植了《うえおわる》、茄子種の様に少《すこし》く平《ひらた》き也、惣《そう》の皮あかき袋也、其内《そのうち》にたね敷多在之《おおしくこれあり》、赤皮のからさ消汗了（肝を消す）、こせうの味にても無之《これなく》、辛事《からきこと》無類[2]

これを現代文にすれば次のようになるであろう。

「コショウの種子と称するものをもらったというのだが、その種子はナスの種子のように小さく平らで、赤い袋のなかにたくさん入っており、その袋の皮の辛さは肝をつぶした」ほどだったというのである。

この「こせう」とは、「こせうの味にても無之」と述べているように、明らかにコショウではなく、トウガラシのことであり、この文章からトウガラシは遅くとも安土桃山時代には伝来していたと考えてよいだろう。

江戸時代になると、トウガラシの利用はさかんになった。まず、寛永《かんえい》二年（一六二五）には、江戸両国《りょうごく》の薬研堀《やげんぼり》で七味唐辛子が売られるようになっていた。この薬研堀の薬研は、「くすりおろし」ともいわれ、主に漢方の製薬に使われる鉄製の道具のこと。この名称に示されるように、当時の薬研堀には医者がたくさん住んでおり、トウガラシが薬として使われていたことを物語りそうだ。

おそらく、最初は薬として利用されていたトウガラシであっただろうが、やがて香辛料としての価値も認められるようになったようだ。しかし、トウガラシの強烈な辛さは日本料理にはあいそうにない。そこで、考えられたのが七味唐辛子の一味として加える方法であった。七味唐辛子は、トウガラシを主な原料にし、七種類の香辛料を混ぜてつくられることからその名がついたが、必ずしも七種類の香辛料からつくられるとは限らない。産地や生産者によって異なるが、よく使われるのはトウガラシのほかに、芥子（ケシの実）、陳皮（ミカンの皮）、ゴマ、サンショウ、麻の実、シソ、海苔《のり》、ショウガ、ナタネなどである。

たとえば、東京の七味唐辛子売りの口上は次のようになっている。なお、東京では七味唐辛子ではなく、「七色《なないろ》唐がらし」ともいう。

まず最初に入れますのは／武州川越《ぶしゅうかわごえ》の名産は黒ごま／お次は紀州有田《きしゅうありだ》のミカンの粉／江戸は内藤新宿《ないとうしんじゅく》八房《やつふさ》の焼《やき》唐がらし／色は黒いが浅草《あさくさ》海苔／静岡朝倉《あさくら》の粉山椒《こなさんしょう》／大和の国は罌粟《けし》の実／野州日光《やしゅうにっこう》の麻の実……（「香具師《やし》の芸をたどってⅡ」『朝日新聞』二〇一五年一月二八日夕刊）

このように七味唐辛子にさまざまな材料を加えるのは、風味を加えるとともに、トウガラシの辛みをほどよく抑えるためであろう。ここに、日本におけるトウガラシ利用の特徴がよく示されている。つまり、日本人はトウガラシの強烈な辛みをあまり好まず、まさしく七味唐辛子のなかの一味程度で充分に満足したのである。

赤トンボとトウガラシ

日本では、朝鮮半島のように「トウガラシに大毒がある」というような偏見がなかったせいか、トウガラシは食用以外ではあまり抵抗感なく受け入れられたようだ。抵抗感どころか、江戸時代にはトウガラシに親しみをもっていたと思われるふしもある。そのことは、江戸時代の俳人加賀《かが》の千代女《ちよじょ》（一七〇三―七五）の次のやりとりからもうかがえる。[3] ちなみに、千代女は有名な「朝顔に釣瓶《つるべ》とられてもらひ水」の句によって知られている俳人である。

赤蜻蛉《あかとんぼ》　羽《はね(を)》もぎれば　蕃椒《とうがらし》

ある人が、この句をつくったところ千代女は、「俳諧《はいかい》はものを憐《あわ》れむを本とす」として、手を入れて次のように修正した。

蕃椒《とうがらし》　羽《はね(を)》　はやせば　赤蜻蛉《あかとんぼ》

この二人のやりとりからは、赤トンボといえば赤くて細長いトウガラシを連想するほど、当時すでにトウガラシが親しまれていたことがわかる。このように、トウガラシが日本で親しまれるようになった背景には、もうひとつの理由がありそうだ。それは、トウガラシが園芸植物として扱われていたからではなかっただろうか。じつは、先に紹介した『花譜』は書名でも明らかなように主として園芸植物を紹介した本であるが、そこにトウガラシも含まれているのである。このことは、トウガラシが園芸植物としての価値が認められていたことを物語るであろう。

実際、『花譜』には先に引用した文章のあと次のようにつづくのである。

近年其形品々替る者多く出其実あかくして賞するにたへたり。盆にうへてよし。二月に肥地に種をまき。長して後うつしうふへし。ときどき糞水をそそくへし。実に大小有上にむかふあり。是《これ》をよしとす。下にむかふあり。丸くて小さなるあり。実一所に多くあつまり生する有。柿のことくなるあり。[4]

このように、「トウガラシの実は赤いので観賞に耐える」「盆に植えてよし」と述べていることからも、園芸植物としてのトウガラシの価値が認められていたことがわかる。また、この一節からは「実が上向きにつく」ものや「下向きにつく」ものもあったこともわかる。さらに、「丸くて小さな」トウガラシのほかに、「柿のような形をしたもの」もあったこともわかる。つまり、当時すでにトウガラシには多様な品種があったのだろう。

じつは、日本では江戸中期のころから園芸文化の花が咲き、アサガオやウメ、バラ、その他の園芸植物の品種分化に人気が生まれ、それはブームといってもよいほどのものであった。

その背景には、日本には生け花や盆栽などを楽しむ文化があったからだろう。おそらく、トウガラシもこのような園芸文化のブームのなかで、新しい品種が次々と生み出されていったのであろう。

さまざまな品種

それでは、いつごろからこのような品種が生み出されていたのであろうか。一六八四年に刊行された『会津農書《あいづのうしょ》』には「大辛、中辛、八生、十生、天井生、鳶口《とびぐち》、珊瑚樹《さんごじゅ》」のようにいくつものトウガラシの種類があげられている。また、十七世紀後半に著されたと考えられる『百姓伝記《ひゃくしょうでんき》』にも次のような興味深い記述がある。

とうからし共なんばんからし共いへハ、南国より本朝へわたるかなり。今色々種見へたり。赤くほそく身なるうちに大小あり。またミちかく赤きになりの色々かわりたるものあり。赤きうちにとつと大きなるものあり。また黄色なるうちに大小あり。下へさかりてなるもあり、そらへむきてなるもあり。ミな味ひ同前なり。然《しかれ》とも大きなる程からミうすく、ちいさきほどからミつよし。赤きと黄色なるものあれハ、異国より種を渡すに南国より渡し、とうからし・なんはんからしといふかなり。赤きハはやくわたり、黄色なるハおそく見へたる。古農の語伝ふ。[5]

現代語に訳すと次のようになる。

トウガラシは別名を南蛮がらしともいうのだから、南方の諸国から日本に渡来したのだろう。現在ではいろいろな品種がある。赤く細い実がなる種類のなかにも実に大小がある。また短く赤い種類でもその形が違うものがある。赤いトウガラシにはたいへん大きい実がつくものがある。また黄色いものにも大小がある。実が下向きになるものや、上向きにつくものがある。味はみな同じである。しかし大きいものほど辛みが弱く、小さいほど辛みが強い。このように赤いものと黄色いものがあるが、これは外国といっても南方の諸国から渡ってきたので、唐がらし、南蛮がらしというのだろうか。赤いほうが早く渡ってきて、黄色いほうはそれより遅かったようだ。老農の言い伝えは以上のようである。

この文章でも、トウガラシの果実には大小あり、その色も赤いものだけでなく、黄色のものもあることがわかる。また、果実が赤いトウガラシに遅れて、黄色の品種が伝来したと述

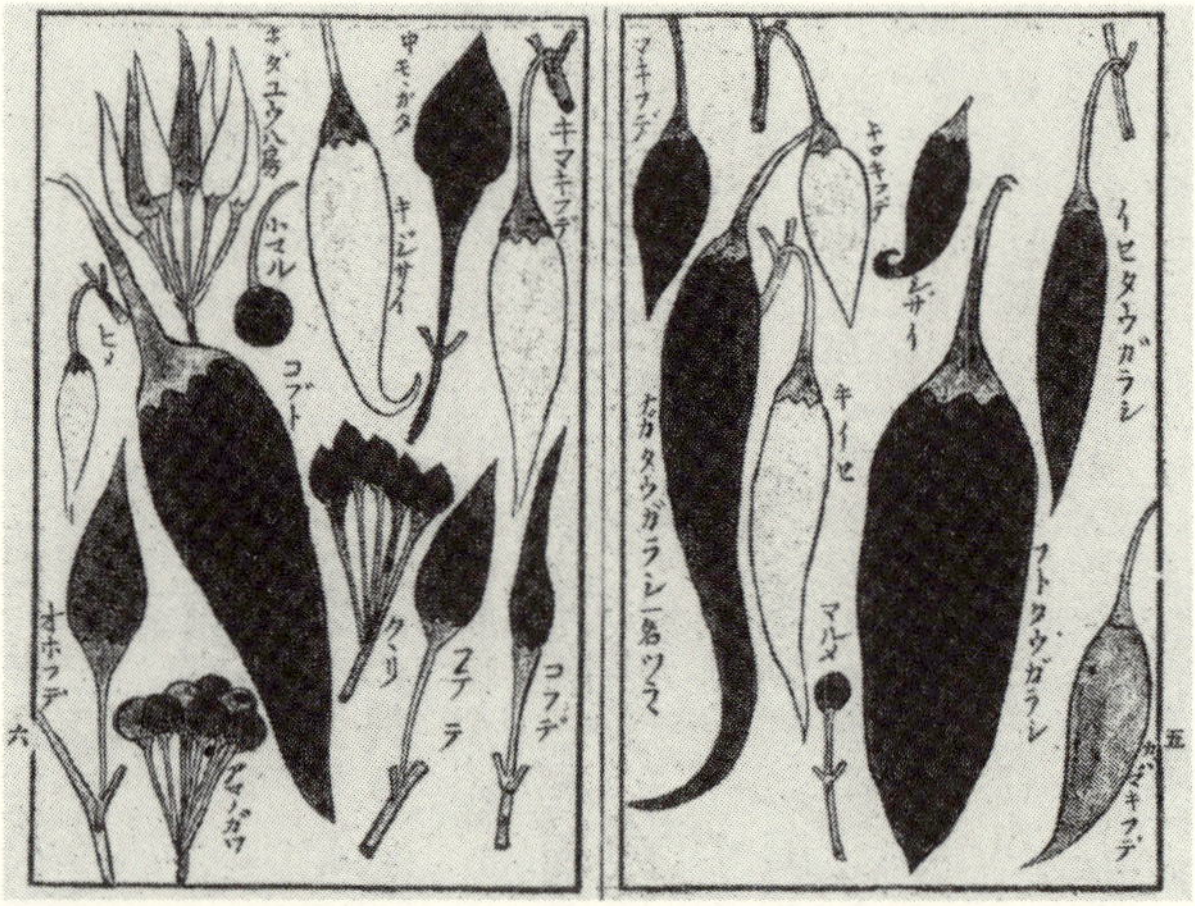

図８―１　『蕃椒図説』に描かれたトウガラシ

べているのも興味深い。トウガラシの日本への伝来が一度だけでなく、何度もあった可能性を示すからである。

一七三〇年代に江戸幕府が領内の産物を調べて編纂《へんさん》した、『享保《きょうほう》・元文《げんぶん》諸国産物帳集成』に記載されたトウガラシの名称も興味深い。「赤」、「黄」、「ウコン」など色に関する名称、「長」、「丸」、「細」、「大」、「小」など果実の形や大小に関する名称、「そらなり」、「てんじく守り」、「うなだれ」、「七ツなり」、「八ツなり」、「百なり」「千なり」など果実のなり方に関する名称、そのほか植物名や人物名、地名にちなんだ名称などもあった。

地名にちなんだ名称といえば、一六四五年に刊行された『毛吹草《けふきぐさ》』の「諸国名産ノ部山《やま》城《しろ》畿内」に「稲荷《いなり》（中略）唐菘《とうがらし》」とあり、この約四〇年後に刊行された『雍州府志《ようしゅうふし》』（一六八六）にも「唐芥子　所々に之れ有り　稲荷辺所ろ佳なりとす」とある。江戸時代初期には、トウガラシが京都伏見稲荷《ふしみいなり》近郊の特産品であったことがうかがえる。

さらに、平賀源内《ひらがげんない》（一七二八―七九）の『蕃椒譜《ばんしょうふ》』には「長之類《ちょうのるい》　赤十三　黄二」（錦木《にしきぎ》、鷹ノ爪、黄鷹の爪、サツマ、八ッ房など）、「短之類《たんのるい》　赤十　黄四」（水子、シィノ実、一寸法師、くちなしなど）、「方之類《ほうのるい》　赤七　黄二」（トッハイなど）、「円之類《えんのるい》　赤九　黄六」（サクラ、珊瑚、九曜《くよう》、星降、玉川《たまがわ》など）、「甜蕃椒　一種」の五四種類が色つきで描かれている。

また、明治十五年（一八八二）ころに刊行された『蕃椒図説』には、果実が上向きにつく一四種類、果実が下向きにつく二一種類のあわせて三五種類が品種名とともに描かれている（図8―1）。

おそらく、これらの品種のなかには、薬用のものだけでなく、観賞用のものも含まれていたに違いない。先述したように、江戸時代には多様な古典園芸植物の文化が花ひらいたからである。したがって、このころには海外から導入されたものだけではなく、日本国内で育成された品種もあっただろう。

「食らうべからず」

さて、それでは、これらのトウガラシは食用としても利用されていたのであろうか。江戸時代の文献などによれば、食用としてはかなり警戒されていたようだ。たとえば、『本朝食鑑』（一六九七）では、「多食すると、血を破り、眠を損ない、瘡毒《そうどく》（梅毒）を動かす」とある[6]。また、小川顕道《おがわあきみち》による随筆集『塵塚談《ちりづかばなし》』（一八一四）には、「蕃椒は歯牙《しが》を損するの毒ありと思わる。喰《くら》うべからず」と記されている。つまり、十九世紀になっても、「トウガラシには毒があるので食べるな」といわれていたのである。

先にトウガラシは薬として使われていたと述べたが、当初、トウガラシは薬として普及したようだ。実際、一八一一年に山本世孺《やまもとせじゅ》が記した『懐中食性《かいちゅうしょくしょう》』には「疝気《せんき》を汚し、蟲《むし》を殺す。多食すれば瘡癤《そうせつ》（できもの）を発し、疾病をおこし、目をくらくす」とある。また、石川元混《いしかわげんこん》によって書かれた『日養《にちよう》食鑑』（一八二〇）には「胸膈《きょうかく》を開き宿食《しゅくしょく》を下《くだ》し胃を開き食を進め邪風《じゃふう》を遂《お》ひ汗を発す多く食へば瘡癤を発す」と記され、トウガラシは食欲増進に効果のあることが指摘されている。

このような効果のせいか、江戸時代にはトウガラシが民間薬として利用されていたようである。その例が次に記す川柳である。

呉服箱からぽんぽちの唐辛子
ひどい事下女三文で子をおろし

どちらも『江戸川柳飲食事典』（一九九六）に収録されている川柳であるが、江戸庶民とトウガラシの関係がわかって面白い。前者は、トウガラシが衣服の虫除けに使用されていたことがうかがえる。トウガラシが乾燥して干からびたことを「ぽんぽち」と表現している。後者は、トウガラシが堕胎剤として利用されていたことを暗示し、またトウガラシが三文（一文は現在の約一〇円）で売られていたこともわかる。

当初、毒があり、食べれば病気になると恐れられていたトウガラシであったが、やがて徐々に食文化のなかに取り入れられるようになる。榎戸瞳氏によれば、いちばん多く見られた使用法は「薬味」としてであったとされる。[7]これは、「粉トウガラシ」の記述に見られるようにトウガラシを粉末にしたものであった。このほか、「青とうがらし輪切り」、「糸切とうがらし」のように、輪切りや千切りにして薬味に添えられていたことを伝える記述もある。さらに、江戸の料理書によれば、汁物に入れたり、焼いたり、煮ても使っていたようだ。事実、『料理通』には、「煮とうがらし」の記述もある。それによれば、「蕃椒《とうがらし》のあとさきを切たねを抜《ぬき》ほうろくにていり鍋にてゆで一日一夜《や》水に漬能々《つけよくよく》水を切《きり》味醂酒《みりんしゅ》と焼塩《やきしお》にて塩梅《あんばい》を付《つけ》るなり[8]」と記されている。

「本妻の悋気《りんき》と饂飩《うどん》に胡椒はお定《さだま》り」

それでは、いつごろからトウガラシは食用として利用されるようになったのであろうか。どうも、江戸時代の初期にはトウガラシはうどんの薬味としても使われていなかったようだ。人形浄瑠璃《じょうるり》・歌舞伎《かぶき》の作者である近松門左衛門《ちかまつもんざえもん》（一六五三—一七二四）の『大経師昔暦《だいきょうじむかしごよみ》』に「女房のやきもちとうどんに、胡椒はお定まり」とあり、当時、うどんの薬味にはコショウが使われていたようだ。

一六四三年に刊行された『料理物語[9]』にも、「うどん」にはコショウ・梅、「にうめん」にはコショウ・サンショウの粉と書かれていて、トウガラシは登場しない。世界の食文化に詳しい石毛直道氏の話によれば、現在のようにうどんに七味トウガラシを薬味として加えるようになったのは江戸時代も後半になってからのことだそうだ。最初のころはうどんではなく、ソウメンにトウガラシを入れて食べていたのだとされる[10]。

では、なぜコショウからトウガラシへの転換が起こったのであろうか。まず、考えられるのは、醬油やかつお節が江戸時代の中期以降に製造が開始され、徐々に一般にも普及したことだ。つまり、うどんのつゆもあっさりしたかつお節だしの醬油味が普及したので、コショウの風味があわなくなったと考えられるのである。

もうひとつ考えられることがある。それは、コショウが高価だったため、安価で手に入れることのできるトウガラシに取ってかわられたのではないか、ということだ。先述したようにコショウは日本では育たないので、海外からの交易で手に入れるしかなく、高価であった。さらに、江戸時代になって幕府は鎖国政策をとったため、コショウはいよいよ入手が困難となり、それは価格にも反映したはずである。一方、トウガラシは容易に栽培できたので、価格もコショウにくらべれば、はるかに安価だったのであろう。

さらに、江戸時代にはトウガラシの普及を後押しするような出来事が起こった。それがソバの普及である。ソバ屋が繁栄するのは江戸時代半ばすぎで、このころにソバ切り、つまり現在のような細く切ったソバが一般化するようになる。そして、上方《かみがた》のうどんに対して、江戸ではソバが圧倒的な人気をほこるようになった。このソバの薬味に七味トウガラシが欠かせないものとなるのである。

こうして、江戸時代の半ばごろから江戸の八百八町を売り歩くトウガラシ売りが出現し、これは江戸名物のひとつとして知られるようになる。トウガラシを彫りこんだかつぎ箱に七種類の材料を入れ、それを肩に、面白おかしく口上を述べながら七味トウガラシを売り歩いたのである。

図8—2　振り売りの唐辛子屋。明治版の千社札より（『江戸看板図譜』）

安永《あんえい》四、五年（一七七五、七六）ころからは大きなトウガラシの張り子を肩にかけた振り売りが流行するようになった（図8—2）。張り子のなかに七味トウガラシの小袋を入れて、「とんとんとうからし、ひりりと辛いはさんしょのこ、すはすは辛いは胡椒のこ、けしのこ、胡麻《ごま》の粉、陳皮のこ、とんとん　とうがらし……」と口上を述べながら売り歩いたのである。

文明開化とトウガラシ

明治時代になって、日本の食生活を大きく変化させたのは肉食の解禁であっただろう。このころ、朝鮮半島ではすでに焼肉文化が開花していたが、日本での肉食の解禁は必ずしもトウガラシを必要としなかった。焼肉ではなく、すき焼きだったからだろう。

しかし、明治時代にトウガラシ利用を促進したと思われる料理がある。それが明治の初期に入ってきたとされるカレーである。ただし、当時のカレーにはトウガラシもジャガイモも入っていなかったようだ。明治五年（一八七二）に出版された『西洋料理指南』に、日本最初と思われるカレー料理のつくり方が出ているが、それは次のようなものであった（図8―3）。

「カレー」の製法は葱《ねぎ》一茎　生姜《しょうが》半個　蒜《にんにく》少し許《ばか》りを細末にし　牛酪《ぎゅうらく》（バター）大一匙を以て煎《い》り　水一合五勺を加え　鶏　海老　鯛《たい》　蠣《かき》　赤蛙《あかがえる》等のものを入れて能《よ》く煮、後に「カレー」の粉小一匙を入れ　煮ること　西洋一字間（一時間）、已《すで》に熟したるとき、塩を加え又小麦粉大匙二つを水にて解きて入るべし[11]

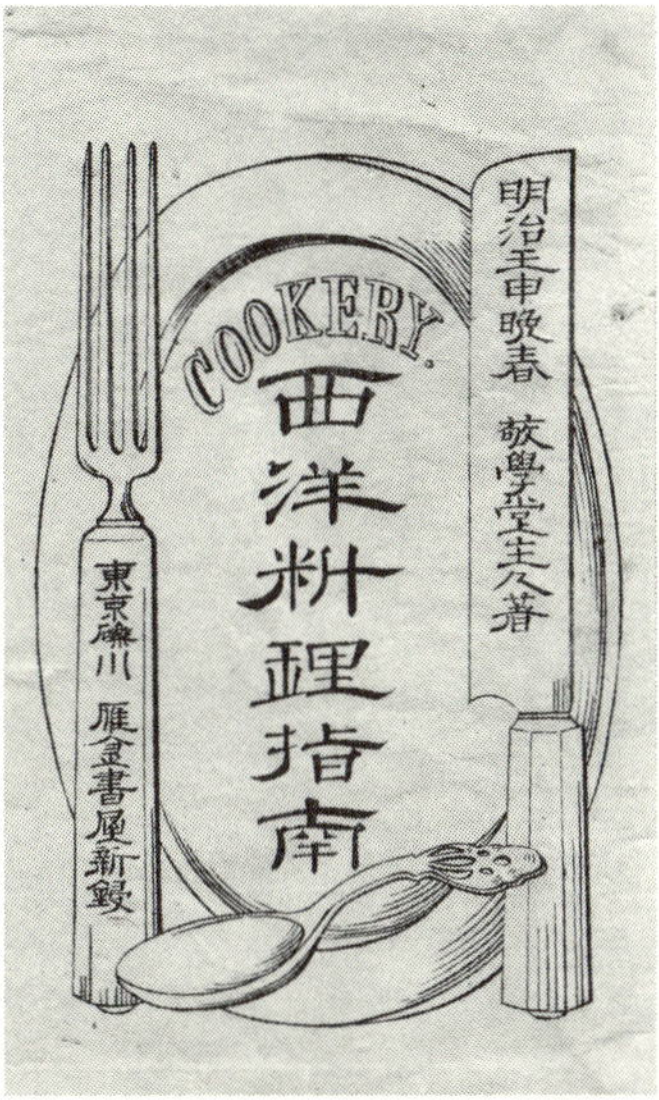

図8―3　カレー料理の作り方がでている『西洋料理指南』表紙。明治5年

つまり、当時のカレーには肉のかわりに魚やエビ、そして蛙まで入れているが、ジャガイモもなく、ネギやショウガがスパイスとして使われていて、トウガラシもない。明治十九年に書

かれた『洋食独案内《ひとり》』になって、ようやくトウガラシが登場してくる。

シチュー鍋に牛酪（バター）一匙半入れて、火にかけ、しばらくしてからショウガ、唐辛子、および細かく刻んでおいた葱を加え、またしばらく炒めてからカレー粉、胡椒、スープおよび肉類を切って入れ、とろとろに煮たものである。[12]

このあと、急速にカレーライスは普及していった。このカレーライスにつきものなのが香辛料をきかせたウースターソースである。これは、当初、「新味醬油」とか「洋式醬油」と呼ばれていたが、明治時代の後期になると生産がさかんになり、市場にも出まわるようになった。また、このソースは天ぷらやトンカツ、そして揚げものなどにも利用されたので、需要が広がっていった。

こうして、もともと薬用としての用途しかなかったトウガラシが、明治、大正と食生活が洋風化してくるにつれて、カレー粉にソースにと用途が広がっていった。それに対応して生産も本格化していった。トウガラシの主要生産地である栃木、茨城でも、その生産が始まったのは昭和六年（一九三一）で、東京のカレー業者が原料用のトウガラシ確保のために農家と契約栽培を始めたのがそもそものきっかけであったとされる。ただし、戦前のトウガラシの生産量はまださほど大きなものではなかった。

このような状況に大きな変化を与えたのが、昭和二十五年から始まった朝鮮戦争であった。先述したように、韓国ではトウガラシは不可欠な食品であったが、戦争のために全土は焼土と化し、トウガラシの生産も思うようにいかなくなった。そして、トウガラシがなければ韓国軍兵士の士気があがらず、アメリカが日本産のトウガラシを買いつけることになったのである。日本における朝鮮戦争の特需はよく知られているが、意外なことにトウガラシにも特需があったのだ。

その後も、日本ではトウガラシの生産がのびつづけ、とくに栃木県、茨城県、香川県などでさかんに栽培され、それらはアメリカやスリランカなどを中心として海外に輸出されるまでになった。昭和三十年代には栃木、茨城は全国の生産量の八〇%を占めるようになり、ピーク時には、栃木では作付け面積が戦前の二〇〇〜三〇〇町歩（一町歩は約一ヘクタール）の一〇倍、約二〇〇〇町歩にまで広がった。

この栽培状況は、その後の高度成長期の到来とともに一変する。日本国内のトウガラシ栽培は昭和三十七〜三十八年をピークとして急激に減少し、昭和四十年代後半にはトウガラシの輸出国から輸入国へと転ずるようになる。その最大の原因は、トウガラシが「種まきから収穫まで」すべて手作業でおこなう必要があり、機械化になじまないからである。また、昭和四十八年に外国為替が変動相場制に移行したことも追いうちをかけた。その結果、輸入トウガラシに対して日本産のトウガラシは高価となり、輸出商品としての対外競争力を失っていったのである。今では江戸の薬研堀の伝統を受け継ぐ浅草寺《せんそうじ》門前のやげん堀（中島商店）の七味トウガラシも中国産のトウガラシを使っているそうだ。

しかし、日本におけるトウガラシの利用は減少するどころか、いよいよ増えていった。そのきっかけになったのも、日本の敗戦であった。そこで、あらためて敗戦時にまでさかのぼり、日本とトウガラシの関係を見てみよう。

エスニック料理のブーム

一九四五年八月十五日、日本は敗戦を迎えた。多くの土地が戦火で焦土と化し、国民は日々の食事にさえ事欠く時代であった。食べるものがなくて餓死する人、栄養失調になった者も巷《ちまた》にあふれていた。食べられるものなら何でも食べようという時代であった。

戦中生まれのわたしも、この時代のことはかすかに記憶にとどめている。いつもお腹をすかしていたからだ。また、少しでも食べものを補うため、当時京都にあったわが家の裏庭はすべて畑となり、そこにはジャガイモが植えられていた。ふかしたジャガイモに塩だけつけて食べたが、とてもおいしかったことが記憶に残っている。

このような時代に出現したものが、在日朝鮮、韓国の人たちが始めた朝鮮料理や焼肉料理の店であった。もともと日本人には内臓を食べるという習慣はなかったが、空腹の前には、それは問題にならなかった。こうして日本社会にも朝鮮料理、とくに焼肉料理が徐々に浸透してゆくようになる。そして、この焼肉料理に欠かせないものこそがトウガラシで赤く染まったキムチであった。

このキムチは、見た目はいかにも辛そうであるが、その辛さは意外にマイルドであり、これも辛さに弱い日本人に拒否感をいだかせなかった要因かもしれない。また、明治、大正時代を経て、カレーなどの辛みになじんでいたこともキムチを受容する一因になったかもしれない。こうして、かつては「朝鮮漬け」と呼ばれて異国のものという感じの強かったキムチだが、今ではキムチの名称でスーパーマーケットなどでもふつうに売られるようになっている。そして、いまや日本の漬け物のなかでキムチが売り上げナンバーワンになっているほどだ。

このあと、トウガラシの利用に大きな影響を与えたと考えられるのが、一九六四年に始まった海外渡航の自由化のようだ。若い人には想像もつかないかもしれないが、自由化以前の日本は半ば鎖国のような状態であった。海外に出かけられるのは、外交官や商社マンなど、ごく一部の人に限られていたのである。それが海外渡航の自由化によって誰でも海外に出かけられるようになった。最初のうちこそ、持ち出し外貨が五〇〇ドルの制限はあったが、やがてこれも撤廃された。こうして多数の日本人が海外に出かけるようになり、長期にわたって海外で暮らす人も珍しくなくなった。

このような人たちのなかには、海外でトウガラシのきいたスパイシーな料理を食べて、そのとりこになった人もいただろう。また、とりこにはならないまでもトウガラシの辛みに対して抵抗感がなくなった人もいたかもしれない。こうして、一九八〇年代半ばごろには、エスニック料理のブームが到来する。エスニック料理とは、本来民族料理のことであるが、わが国では、それは東南アジアやアフリカ、そして中南米などのスパイシーな料理というイメージが強い。

じつは、わたし自身にもそのような経験がある。わたしは、長年、トウガラシ利用のさかんな中南米で仕事をしてきたが、どちらかといえばトウガラシの強烈な辛さは苦手だった。それが、一九八〇年代半ばに三年間家族とともにペルーで暮らした結果、いつのまにか日本に帰ってからもスパゲティやピッツアを食べるときタバスコなどのペッパーソースが欠かせなくなっていたのである。

このようなエスニック料理のブームが起こったころ、「激辛ブーム」と呼ばれる現象も生じた。この時期、激辛を売りものとするインスタントラーメンやレトルトカレーもあいついで発売されるようになった。一九八六年には「激辛」が流行語大賞新語部門の銀賞に選ばれるほどになった。

さて、それでは現在、この激辛ブームはどうなったのであろうか。トウガラシの辛みに対する嗜好は沈静化したのであろうか。どうも、そうではなさそうだ。一時的なブームに終わらず、日常的な生活に深く浸透しているようだ。実際に、二〇一一年七月には、京都府の向日《むこう》市には「京都激辛商店街」が発足している。これは同市の「町おこし」のために始まった企画であり、現在は日本各地から激辛を求めて観光客がやって来るようになっているそうだ。向日市は西日本で一番小さな市であるが、そこに激辛を売りものとする一〇〇軒近い店が集まっているのだ。

京都府の北部に位置する舞鶴《まいづる》市でもトウガラシによる「町おこし」のためのイベントが二

写真8—1　激辛商店街ののぼり（京都府向日市）

○一一年から始まっている。それがトウガラシ生産のさかんな加佐《かさ》地区で夏におこなわれている「万願寺《まんがんじ》祭り」である。これは、大正末期から昭和初期にかけて舞鶴市万願寺地区で伏見系のトウガラシとカリフォルニア・ワンダー系のトウガラシを交配して万願寺トウガラシを育成、それにちなんでおこなわれているイベントだ。万願寺トウガラシは「京野菜」のひとつとして知られているが、今では全国ブランドになっている。長さが二〇センチくらいの大きな、辛くない甘味トウガラシである。そのため、「万願寺甘とう」とも呼ばれる。このトウガラシの知名度をさらにひきあげようとしておこなわれているのが「万願寺祭り」であるが、そこでは、パン食い競争のかわりに万願寺トウガラシ食い競争や、金魚すくいのかわりに万願寺トウガラシ釣りなどの行事、さらに二〇〇円でトウガラシを袋に詰め放題にできるイベントなどもあり、舞鶴市役所の行政の人たちも支援して、にぎわっていた。

終章
トウガラシの魅力
――むすびにかえて

メキシコ（オアハカ市）のトウガラシ屋さん

辛さが魅力

これまで世界各地におけるトウガラシの利用や歴史を追いかけてきた。それにしても、なぜ、人間はあんなに辛いトウガラシを好むのだろうか。食べているときは、汗をかくほどつらいのに、食べおわるとまた辛いものを食べたくなってしまう。トウガラシの辛みは、一度食べると病みつきになってしまう魅力があるようだ。その魅力の原因は何だろうか。最後に、この疑問について検討しておこう。

そもそも人間の舌には辛みを感じる感覚はない。トウガラシの辛み成分であるカプサイシンは舌を強く刺激し、舌の痛覚がそれを感じる。つまり、カプサイシンの辛さは、「痛い!」と感じる辛さなのである。そこで、トウガラシを食べると人間の体は、この痛みの元となる物質を早く消化し無毒化しようとして胃腸を活発化させるわけだ。トウガラシを食べると食欲が増進するのはそのためなのである。

トウガラシは胃腸を活性化するだけではなく、カプサイシンによって体に異常をきたしたと感じた脳は、脳内モルヒネと呼ばれるエンドルフィンまで分泌する。エンドルフィンは、モルヒネと同じような鎮痛作用があり、疲労や痛みを和らげる役割を果たす。そのため、結果的に、わたしたち人間は陶酔感を覚え、快感を感じることになるのだ。

この現象について、アメリカのローズンという研究者は次のような面白い説明をしている。トウガラシを食べたときの辛いという感覚は、動物にとっては危険なものを食べているという信号なのだが、それにもかかわらず、実際には何事もなく、ピリッとした刺激のあと、さわやかな感覚とともにすーっと辛みが引いてゆく。そこにある種のスリルと快感が得られ、人はそのスリルを楽しんでいるのだ、という[1]。

ローズンは、トウガラシを食べることを次のようにジェットコースターに乗る経験にもたとえている。

ジェットコースターに乗るのは、見せかけの危険な行為にすぎず、その際恐怖を覚えるのは、身体のほうで、心ではない。乗っている人は、恐怖によって身体的な不快を感じるが、落下も回転も現実には有害な結果をもたらさないということを知っているので、結局は快感を味わうのである。恐怖が大きくなればなるほど、ローズンが「強制された危険」と呼ぶものの結果として生じる快楽も大きくなる。

トウガラシの辛み成分であるカプサイシンには、食欲増進効果だけでなく、ストレスの解消や体内の脂肪の分解を促進する働きもある。カプサイシンは胃腸から吸収されると副腎に作用し、かなり長時間にわたって、アドレナリンを主成分とする人間を興奮状態にさせるホルモンの分泌を促進するという。ネズミによる実験では、カプサイシンを投与するとアドレナリンの分泌量が最大八倍まで増えたそうだ。[2] アドレナリンは興奮したとき大量に分泌され、筋肉に血液を集め、体内に蓄えられた脂肪の分解を促進してエネルギーを供給し、外敵に備えるように身体を準備するホルモンとして知られている。アドレナリンの分泌が八倍というのは、人間が激怒したときの量である。

腐敗防止用としても

現在、トウガラシを含む香辛料が食品として使われる主な目的は、食欲の増進や風味づけにあると考えられる。しかし、人間が香辛料を使ったそもそもの動機は必ずしも食欲増進や風味づけだけにあったわけではないだろう。肉類や魚介類の品質変化の抑制や腐敗防止の目的でも香辛料は使われたのではないか。中米でもアンデスでも、まだ人びとが狩猟採集で食料を得ていた時代から、トウガラシが利用されていたことは、そのことを物語るのではないか。

実際、古代エジプトや古代中国の遺跡からはシナモンやクローブなどのスパイスが発掘されている。また、ミントやコリアンダーも牛乳や肉類とともに使われていた。これらの事実は、香辛料が腐敗の原因となる微生物に対して抗菌・殺菌効果があり、食品保存の役割を果たしていたことを物語るものであろう。トウガラシの主な辛み成分はカプサイシンであるが、これはカビに対して効力を有し、一部の細菌に対しても強い抗菌性を示すことが知られている。また、抗酸化性も強い。

韓国の章で述べたように、トウガラシがキムチやコチュジャン、辛子明太子などの塩辛類、つまり貯蔵や保存を目的とする食べものに用いられているのは、この腐敗防止という科学的な作用を期待してのものだったことがうかがえる。おそらく、南アメリカのアマゾン地方などで有毒マニオクの毒汁からつくられるトゥクピーもこの腐敗防止という目的があると考えてよさそうである。それというのも、この毒汁は魚類だけでなく、トウガラシや蟻なども一緒に入れて煮込んでいるからである。

ここで、トウガラシにどのような栄養素がどれくらい含まれているのかを述べておこう。トウガラシの代表的成分として真っ先に紹介しておかなければならないのが、カプサイシンである。カプサイシンは生のトウガラシで重量の〇・〇二〜〇・二パーセント、乾燥トウガラシで〇・一〜一パーセントも含まれている。

カプサイシンは、トウガラシを食べたときのカーッと熱い辛さを生み出しており、トウガラシ属の植物だけがつくり出す成分である。また、食品に含まれる辛み成分では、カプサイシンがもっとも辛いことも知られている。

食品として食べたときには、まず口にさわやかで強烈な辛みを引き起こす。そして、辛いと感じることで、大多数の人が汗をかく。これは味覚性発汗と呼ばれている。また、唾液《だえき》の分泌も高まる。そのほか、カプサイシンの刺激が脳に伝わると、さまざまな作用が起こる。まず、交感神経を刺激して、エネルギー消費を高め、脂肪の燃焼をよくする効果が知られている。同様に、交感神経が刺激されることで血行がよくなり体が温まる。また、ビタミンEよりも高い抗酸化作用があることもわかっている。

トウガラシの栄養素のうち、ビタミンやミネラルなどの微量成分では、ビタミンCの量の多いことが特徴として指摘できる。ハンガリーの章で紹介したように、ビタミンCは世界で初めてハンガリーのパプリカから大量に精製されたのだ。そのことでもわかるように、トウガラシはビタミンCの宝庫といえる。

ビタミンCの働きのうち、代表的なものとしては、体の老化を防ぐ抗酸化作用がある。極度の運動や紫外線、タバコや大量のアルコール、ストレスなどが原因となり、体のなかに活性酸素が生まれる。この活性酸素が老化の原因であるが、ビタミンCにはそれを除去する働きがあるのだ。ちなみに、ビタミンCといえば、真っ先にレモンを想い浮かべるかもしれないが、パプリカや生トウガラシのほうがビタミンCを多く含んでいる。とくにパプリカは実が大きく、一個で五〇〜二〇〇グラムもあるうえに、ビタミンCが一〇〇グラムあたりで一五〇ミリグラムも含まれているのだ。

ビタミンC以外のビタミンとしては、ビタミンEやA、Kの含量も高い。そして、これらは単独で働くだけでなく、一緒に摂取することでお互いの効果を高めあうことができる。そのため、ビタミンA、C、Eは、酸化を防止するACE（エース）とも呼ばれている。さらに、そこにカプサイシンも加わっているのだから、トウガラシには強い抗酸化力が期待できるわけだ[3]。

このほかトウガラシには医薬品としての用途などもあり、まだまだ知られていない魅力もありそうだ。これらの魅力が明らかにされれば、トウガラシによる辛くて熱い「食卓革命」はさらに世界中で広く深く浸透してゆくにちがいない。

あとがき

わたしがトウガラシに初めて興味をもったのは、今からもう四〇年以上も前の一九六八年のことだった。当時、わたしは京都大学農学部の学生であったが、京都大学探検部が派遣したアンデス栽培植物調査隊の一員として、ペルーやボリビアなどのアンデス地帯を踏査していた。アンデスは、ジャガイモをはじめとして、タバコやトウガラシなど多数の栽培植物の原産地なので、これらの栽培植物の起源を探ろうとしていたのである。

この目的のために、アンデスの各地を訪れ、さまざまな栽培植物はもちろんのこと、それらの近縁野生種も採集していた。そんなある日のこと、ボリビアの事実上の首都であるラパスの市《いち》で珍しいものを売っているのを見つけた（第二章扉写真参照）。小指の先ほどの小さな緑色の果実である。ちょっと見たところサンショウのように見えるが、サンショウがアンデスにあるはずはない。サンショウは、アジアの一部地域にしかないからだ。

怪訝《けげん》な顔をして見ていたわたしに気づいたのか、その果実を売っていた女性は「ウルピカ」だと言った。そして、「ムイ・ピカンチ（とても辛いよ）」とつづけた。「ウルピカ」って何だと考えたが、わたしの記憶にはなかった。そこで、その果実を一個だけ味見させてもらったところ、たしかに飛び上がるほど強烈な辛さであった。しかし、その味はトウガラシ以外の何者でもなかった。それで、わたしはわかった。ウルピカは、トウガラシの野生種なんだと。

それにしても、ふつうのトウガラシもあるにもかかわらず、なぜ、ボリビアの人たちは、小粒で激辛の野生種であるウルピカを利用しているのだろうか。この点については本文中でも述べたので、ここでは繰り返さない。しかし、わたしにはこんな疑問がトウガラシに興味をもつきっかけになったのであった。

それからのわたしは、トウガラシと人間の関係に大きな関心が生まれ、それを知るために中南米の各地を歩きまわった。当時のわたしは大学院生だったので、資金が乏しく、無理がたたって急性肝炎になり、ボリビアにある日本人移住地の病院に一ヵ月半も入院したこともあった。それでも、わたしのトウガラシに対する関心はうすれることがなかった。

そして、中南米各地域で採集した九〇〇系統あまりのトウガラシの栽培、観察、交配実験などを繰り返し、一九七八年には「トウガラシの起源と栽培化」(英文)というテーマで学位論文を提出し、博士号も得た。じつは、本書の第二章は、この博士論文の一部を利用したものである。ただし、博士論文そのままではなく、一般の人びとにも理解していただけるよう大幅に改稿した。

その後、わたしは植物学から民族学に転向したため、これまでのように植物学的な研究はできなくなった。そこで、わたしは植物と人間の関係を民族学的に研究するようになった。その植物のなかでも、やはりトウガラシが中心となった。そのため、どこへ行ってもトウガラシを忘れることはなかった。こうして、わたしは中南米のほかに、ヨーロッパ、アフリカ、アジア、そして中国や韓国でも、トウガラシと人間の関係を探った。本書は、このような経緯で生まれたものである。

しかし、わたしひとりの力では、本書を作ることはできなかった。じつに多くの人びとの情報や協力があったからこそ、本書を最後まで書きあげることができたのであった。ご協力いただいた方々は次のとおりである。

石井祥子（名古屋大学）、石毛直道（国立民族学博物館名誉教授）、岩崎充孝（舞鶴市産業振興部農林課）、上田晶子（名古屋大学）、上野山千晶（国立民族学博物館）、加藤千洋（同志社大学）、川本芳（京都大学）、韓敏（国立民族学博物館）、金セッピョル（国立民族学博物館）、木村友美（京都大学）、黒沼朗（七味唐辛子本舗・中島商店）、小磯千尋（大阪大学）、小林尚礼（小林写真事務所）、小村谷秀樹（舞鶴西営農経済センター）、重田眞義（京都大学）、柴田有香（愛知淑徳大学）、嶋村健（栃木県大田原商工会議所）、田主誠（版画家）、チョン・オクヒ（韓国龍仁市在住）、縄田栄治（京都大学）、山本宗立（鹿児島大学）、吉岡博美（吉岡食品工業株式会社）、渡

邊昭子（大阪教育大学）、渡辺達夫（静岡県立大学）、Enzo Monaco（イタリア・トウガラシ・アカデミー）。

また、本書の執筆を勧めてくださったのは、中公新書編集部の酒井孝博氏である。酒井氏は筆の遅いわたしをたくみな手綱さばきで導き、ゴールまで伴走してくださった。さらに、わたしの研究室の秘書の山本祥子氏は、原稿のワープロへの入力、写真選び、そして図版作りなど、さまざまな作業に尽力してくださった。

以上、ご協力いただいた皆様方すべてに、心から「ありがとうございました」と御礼を申しあげたい。

大阪千里にて

山本　紀夫

［5］百姓伝記　1979：286
［6］人見　1977：115
［7］榎戸　2010：124
［8］吉井　1981：46-47
［9］吉井　1978：29-31
［10］佐々木　2009：313
［11］敬学堂主人　1872：30
［12］スチーブン　1886：29

終章
［1］ナージ　1997：292
［2］吉田　1988：91
［3］渡辺　2005：51

［11］Choden 2008：112-113
［12］Choden 2008：112
［13］ナージ　1997：277-278
［14］阿良田　2008：150
［15］ギュイヨ　1987：126
［16］Raffles 1978：100

第六章
［1］原田　1982：89
［2］加藤　2014：12
［3］張　2013：213
［4］張　2013：235
［5］石毛　1984：166
［6］小林　2010：211-222
［7］酒井　2011：145
［8］周　1989：34
［9］ドゥ・カンドル　1958：263-264

第七章
［1］鄭　2004：153
［2］鄭　1982：70-83
［3］鄭　1985：441-472
［4］ビショップ　1995：160
［5］佐々木　2009：56-57
［6］村山　1929：441-443
［7］李　1981：150-151
［8］鄭　1998：9

第八章
［1］貝原　1937：105
［2］英俊　1938：386
［3］吉木　1902：53
［4］貝原　1937：105

第三章

［1］ドッジ　1988：126
［2］ナージ　1997：149
［3］Andrews　1984：25
［4］池上　2010：58
［5］池上　2010：63
［6］渡邊　2010：69-70
［7］鈴木　2010：82
［8］ツァラ　2014：119
［9］吉田　1988：92-93
［10］ナージ　1997：165-168
［11］ナージ　1997：36
［12］渡邊　2010：74-75
［13］渡邊　2011：29

第四章

［1］奴隷の輸入は古谷　1984：343による
［2］川田　2010：111-112
［3］重田　2010：120
［4］緒方　2015：14

第五章

［1］相賀　1985：4（小学館　日本大百科全書6）
［2］ピレス　1966：513
［3］リンスホーテン　1968：413
［4］ノックス　1994：60
［5］相賀　1985：4（小学館　日本大百科全書6）
［6］ナージ　1997：12
［7］ペイン　2006：136-137
［8］小磯　2010：190-200
［9］柳本　1976：246-247
［10］上田　2010：180

注

第一章

［1］コロンブス　1977：211
［2］コロンブス　1965：112
［3］アコスタ　1966：380
［4］ランダ　1982：319
［5］ランダ　1982：320-322
［6］Pearsall 1992：173-205
［7］MacNeish 1964：531-537
［8］インカ・ガルシラーソ　1986：321
［9］アコスタ　1966：380
［10］アコスタ　1966：380-381
［11］インカ・ガルシラーソ　1986：321-322
［12］Long-Solís 1986：72-78
［13］Pickersgill 1969b：444, Heiser 1976：265-268
［14］Eshbaugh 1970：31-43
［15］Pickersgill 1971：683-691
［16］Eshbaugh, Guttman & McLeod 1983：49-54
［17］Heiser, Eshbaugh & Pickersgill 1971：196-170, Eshbaugh 1975：39-54
［18］ナージ：1997：209

第二章

［1］Terpó 1966：164
［2］阪本　1982：51
［3］リップス　1964：115-116
［4］中尾　1966：9-10
［5］ベイカー　1975：5
［6］Lynch 1971：139-148
［7］Pickersgill 1971：683-691
［8］中尾　1976：20

Pub. Group.
Yacovleff, E. y F. L. Herrera 1934 El Mundo Vegetal de los Antiguos Peuranos. *Revista del Museo Nacional* (Lima, Peru) Tomo Ⅲ（3）.
Yamamoto, Norio 1978 *The Origin and Domestication of Capsicum Peppers*. 京都大学（学位論文）

Geographer, XXIII（2）: 169-170.
Long-Solís, J. 1986 *Capsicum y Cultura: La Historia del Chilli*. México: Fondo de Cultura Económica.
Lynch, T. F. 1971 Preceramic Transhumance in the Callejón de Huaylas, Peru. *Amer. Antiq.*, 36（2）: 139-148.
MacNeish, R. S. 1964 Ancient Mesoamerican Civilization. *Science*, 143: 531-537.
Monardes, Nicolás de 1967（1577）*Joyfull Newes out of the Newe Founde Worlde*. Translated by John Frampton, New York: AMS Press, Inc.
Pearsall, D. M. 1992 The Origins of Plant Cultivation in South America. In Cowan C. W. & P. J. Watson（eds.）*The Origins of Agriculture. An International Perspective*. Washington: Smithsonian Institution Press.
Pickersgill, B. 1969a The Archaeological Record of Chili Peppers（*Capsicum* spp.）and the Sequence of Plant Domestication in Peru. *Amer. Antiq.*, 34: 54-61.
—— 1969b The Domestication of Chili Peppers. In Ucko & G. W. Dimble（eds.）*The Domestication and Exploitation of Plants and Animals*. Chicago: Aldine.
—— 1971 Relationships between Weedy and Cultivated Forms in Some Species of Chili Peppers（genus *Capsicum*）. *Evolution*, 25 :683-691.
Raffles 1978（1817）*The History of Java*, Oxford: Oxford University Press.
Tello, J. O. 1960 *Chavín. Cultura Matriz de la Civilización Andina*. Lima: Universidad Nacional Mayor de San Marcos.
Terpó, A. 1966 Kritische Revision der Wildwachsenden Arten und Kultivierten Sorten der Gattung *Capsicum* L. *Feddes Report*. Nov. 72: 155-191.
Teti, Vito 2007 *Storia del Peperoncino*. Roma: Donzelli Editore.
Vela, Enrique 2009 Los Chiles de México. *Arqueología Mexicana* 32.
Wright, E. 1979 *The Expanding World*. London & New York: Hamlyn

外国語文献

Acurio, Gastón 2009 *Ajíes Peruanos: Sazón para el Mundo*. Lima: Sociedad Peruana de Gastronomia.

Andrews, J. 1984 *Peppers: The Domesticated Capsicums*. Austin: University of Texas Press.

—— 1988 Around the World with the Chili Pepper: Post-Columbian Distribution of Domesticated Capsicums. *The Journal of Gastronomy*, Vol.IV No.3, Autumn.

—— 1993 *Red Hot Peppers*. New York: Macmillan Publishing Company.

Choden, Kunzang 2008 *Chilli and Cheese: Food and Society in Bhutan*. Bangkok: White Lotus Press.

Eloy, Terrón 1992 *España, Encrucijada de Culturas Alimentarias: Su Papel en la Difusión de los Cultivos Americanos*. Madrid: Ministerio de Agricultura, Pesca y Alimentación, Secretaría General Técnica.

Eshbaugh, W. H. 1970 A Biosystematic and Evolutionary Study of *Capsicum baccatum* (Solanaceae). *Brittonia*, 22: 31-43.

—— 1975 Genetic and Biochemical Systematic Studies of Chili Peppers (*Capsicum*-Solanaceae). *Bull. Torrey. Bot. Club.*, 102 (6): 396-403.

—— 1979 A Biosystematic and Evolutionary Study of the *Capsicum pubescens* Complex. *National Geographic Society Research Reports 1970 Projects*. Washington: National Geographic Society.

Eshbaugh, W. H., S. I. Guttman & M. J. McLeod 1983 The Origin and Evolution of Domesticated *Capsicum* Species. *Ethnobiology*, 3 (1): 49-54.

Flores, I. M. y B. P. Cortes 1966 *Taxonomía y Distribución Geográfica de los Chiles Cultivados en México*. México: Instituto Nacional de Investigaciones Agrícolas.

Heiser, C. B. Jr. 1976 Peppers. In N. W. Simmonds (ed.), *Evolution of Crop Plants*. London: Longman.

Heiser, C. B. Jr., W. H. Eshbaugh & B. Pickersgill 1971 The Domestication of *Capsicum*: A Reply to Davenport. *The Professional*

山本紀夫　1995「栽培化とは何か――トウガラシの場合」福井勝義編『講座地球に生きる４　自然と人間の共生：遺伝と文化の共進化』東京：雄山閣出版
山本紀夫編著　2010『トウガラシ讃歌』東京：八坂書房
吉井始子編　1978「料理物語」『翻刻　江戸時代料理本集成』第１巻　京都：臨川書店
吉井始子編　1980「素人庖丁」『翻刻　江戸時代料理本集成』第７巻　京都：臨川書店
吉井始子編　1981「料理通」『翻刻　江戸時代料理本集成』第10巻　京都：臨川書店
吉木文（青蓮庵）1902『俳諧百話』東京：金桜堂
吉田よし子　1988『香辛料の民族学――カレーの木とワサビの木』東京：中央公論社
ランダ　1982（1864）「ユカタン事物記」『ヌエバ・エスパニャ報告書／ユカタン事物記』大航海時代叢書第２期13　林屋永吉訳　東京：岩波書店
李盛雨　1981「朝鮮半島の食の文化」石毛直道編『東アジアの食の文化――食の文化シンポジウム'81』東京：平凡社
リップス，J．1964『生活文化の発生』大林太良・長島信弘訳　東京：角川書店
旅行人編集部編　2007『アジア・カレー大全』東京：旅行人
リンスホーテン　1968（1596）『東方案内記』岩生成一・渋沢元則・中村孝志訳注　大航海時代叢書８　東京：岩波書店
渡邊昭子　2010「パプリカ、辛くないトウガラシ⁉――ハンガリー」山本紀夫編著『トウガラシ讃歌』東京：八坂書房
渡邊昭子　2011「近代ハンガリーにおける国民的料理の誕生」『歴史研究』48号 pp.29-70
渡辺信一郎　1996『江戸川柳飲食事典』東京：東京堂出版
渡辺達夫　2005『素敵なトウガラシ生活』東京：柏書房
著者不詳　1979（1680-1682?）「百姓伝記　巻８－15」岡光夫翻刻・訳『日本農書全集17』東京：農山漁村文化協会

原田修　1982「四川の料理」石毛直道他監修『朝日百科　世界の食べもの』64号：89-99　東京：朝日新聞社
ビショップ，イザベラ　1995（1898）『朝鮮紀行』時岡敬子訳　東京：図書出版社
人見必大　1977（1697）『本朝食鑑２』島田勇雄訳注　東洋文庫　東京：平凡社
平賀源内　1934「番椒譜」平賀源内先生顕彰会編『平賀源内全集下』東京：平賀源内先生顕彰会
平賀源内編　1972『物類品隲』東京：八坂書房
ピレス，トメ　1966（1514）『東方諸国記』生田滋他訳　大航海時代叢書５　東京：岩波書店
古谷嘉章　1984「アフリカ系の人びと」大貫良夫編『民族交錯のアメリカ大陸』東京：山川出版社
ベイカー，H. G.　1975『植物と文明』阪本寧男・福田一郎訳　東京：東京大学出版会
ペイン，シーラ　2006『世界お守り・魔よけ文化図鑑』福井正子訳　東京：柊風社
増田義郎　1984『大航海時代』《ビジュアル版》世界の歴史13　東京：講談社
松江重頼　1943（1645）『毛吹草』新村出校閲，竹内若校訂　東京：岩波書店
村山智順　1929『民間信仰第一部　朝鮮の鬼神』京城：朝鮮総督府
森枝卓士　1989『カレーライスと日本人』東京：講談社
柳本杳美　1976『ヒマラヤの村——シェルパ族とくらす』東京：社会思想社
山崎香辛料振興財団　1989『日本料理における香辛料の史的考察』東京：山崎香辛料振興財団
山崎峯次郎　1975『スパイス・ロード——香辛料の冒険者たち』東京：講談社
山崎峯次郎　1978『香辛料　４』東京：エスビー食品
山田英美　1995『ネパール家庭料理入門——日常食ダル・バートから祭礼食マスゥ・マッツァまで』東京：農山漁村文化協会

名作集』小山祐士訳　東京：河出書房新社
チャンカ　1965（1825）『航海の記録』大航海時代叢書1　林屋永吉訳　東京：岩波書店
張競　2013『中華料理の文化史』東京：筑摩書房
ツァラ，フレッド　2014『スパイスの歴史』竹田円訳　東京：原書房
鄭大聲　1979『朝鮮食物誌――日本とのかかわりを探る』東京：柴田書店
鄭大聲　1984『朝鮮の食べもの』東京：築地書館
鄭大聲　1985「朝鮮の食文化としての香辛料」石毛直道編『論集 東アジアの食事文化』東京：平凡社
鄭大聲　1992『食文化の中の日本と朝鮮』東京：講談社
鄭大聲　1998『朝鮮半島の食と酒――儒教文化が育んだ民族の伝統』東京：中央公論社
鄭大聲　2004『焼肉・キムチと日本人』東京：PHP研究所
鄭大聲編訳　1982『朝鮮の料理書』東洋文庫　東京：平凡社
寺島良安　1990（1712頃）『和漢三才図会16』島田勇雄・樋口元巳・竹島淳夫訳注　東洋文庫　東京：平凡社
ドゥ・カンドル　1958（1883）『栽培植物の起原　中』加茂儀一訳　東京：岩波書店
ドッジ，B. S.　1988『世界を変えた植物――それはエデンの園から始まった』白幡節子訳　東京：八坂書房
ドルビー，アンドリュー　2004『スパイスの人類史』樋口幸子訳　東京：原書房
中尾佐助　1966『栽培植物と農耕の起源』東京：岩波書店
中尾佐助　1976『栽培植物の世界』東京：中央公論社
ナージ，アマール　1997『トウガラシの文化誌』林真理・奥田祐子・山本紀夫訳　東京：晶文社
ノックス，ロバート　1994（1681）『セイロン島誌』濱屋悦次訳　東洋文庫　東京：平凡社
ハウス食品工業　1988『唐辛子遍路』ハウスポケットライブラリー2　東京：ハウス食品工業
林美一　1977『江戸看板図譜』東京：三樹書房

小林尚礼　2010「トウガラシ好きのチベット人――中国雲南省」山本紀夫編著『トウガラシ讃歌』東京：八坂書房
コリンガム，リジー　2006『インドカレー伝』東郷えりか訳　東京：河出書房新社
コロン，クリストーバル　1965「クリストーバル・コロンの四回の航海」林屋永吉訳注『航海の記録』大航海時代叢書 1　東京：岩波書店
コロン，クリストーバル　1977『コロンブス航海誌』林屋永吉訳　東京：岩波書店
酒井伸雄　2011『文明を変えた植物たち――コロンブスが遺した種子』東京：NHK 出版
阪本寧男　1982「栽培植物の起源――イネ科穀類を中心に」野沢謙編『Domestication の生態学と遺伝学』京都大学霊長類研究所
佐々木道雄　1996『朝鮮の食と文化――日本・中国との比較から見えてくるもの』神戸：むくげの会
佐々木道雄　2009『キムチの文化史――朝鮮半島のキムチ・日本のキムチ』東京：福村出版
佐瀬与次右衛門　1944（1684）『会津農書』小野武夫編　東京：伊藤書店
佐藤信淵　1874『草木六部耕種法』東京：名山閣
重田眞義　2010「エチオピアの赤いトウガラシ」山本紀夫編著『トウガラシ讃歌』東京：八坂書房
周達生　1989『中国の食文化』大阪：創元社
ジョンソン，シルヴィア　1999『世界を変えた野菜読本――トマト、ジャガイモ、トウモロコシ、トウガラシ』金原瑞人訳　東京：晶文社
鈴木董　2010「「新大陸」からの渡来食材としてのトウガラシ――トルコ」山本紀夫編著『トウガラシ讃歌』東京：八坂書房
スチーブン，リュシイ述　1886『洋食独案内』篠野乙次郎編　東京：金玉堂
竹内美代　2001「日本食文化における唐辛子受容とその変遷」日本生活学会『食の100年』東京：ドメス出版
近松門左衛門　1976（1715）「大経師昔暦」日本古典文庫18『近松

ウガラシ絵巻」山本紀夫編著『トウガラシ讃歌』東京：八坂書房
鵜飼保雄　2015『トウモロコシの世界史——神となった作物の9000年』東京：悠書館
英俊他　1938（1593）『多聞院日記』第4巻　辻善之助編　東京：三教書院
榎戸瞳　2010「江戸時代の唐辛子——日本の食文化における外来食材の受容」『国際日本学論叢』第7号：pp.142-119. 法政大学大学院国際日本学インスティテュート
江原恵　1983『カレーライスの話』東京：三一書房
相賀徹夫編　1985『日本大百科全書』6　東京：小学館
王仁湘　2001『中国飲食文化』鈴木博訳　東京：青土社
王仁湘　2007『図説　中国食の文化誌』鈴木博訳　東京：原書房
オオカワヨウコ　2002『縁日お散歩図鑑』東京：廣済堂出版
緒方しらべ　2015「ナイジェリアの激辛ネバネバシチュー　オベ・エウェドゥ」『月刊みんぱく』第39巻第7号：14-15
小川顕道　1911（1814）「塵塚談」『近古文芸温知叢書』第9編　東京：博文館
貝原益軒　1937（1698）『花譜』京都：京都園芸倶楽部
加藤千洋　2014『辣《ラー》の道——トウガラシ2500キロの旅』東京：平凡社
川田順造　2010「モシ人にとってのトウガラシ——西アフリカ、ブルキナファソ」山本紀夫編著『トウガラシ讃歌』東京：八坂書房
ギュイヨ，リュシアン　1987『香辛料の世界史』池崎一郎他訳　東京：白水社
グリンバーグ，シェルドン，エリザベス・ランバート・オーティス　1984『スパイス オブ ライフ』秋元登志子他訳　東京：ハウス食品工業
黒川道祐撰　1968（1686）「雍州府志」巻六　土産門　上、野間光辰編『新修　京都叢書』第10巻、京都：臨川書店
敬学堂主人　1872『西洋料理指南　下』東京：雁金書屋
小磯千尋　2010「トウガラシとインド人」山本紀夫編著『トウガラシ讃歌』東京：八坂書房

参考文献

日本語文献

アコスタ　1966（1590）『新大陸自然文化史　上・下』大航海時代叢書３・４　増田義郎訳　東京：岩波書店

阿良田麻里子　2008『世界の食文化――６インドネシア』東京：農山漁村文化協会

阿良田麻里子　2010「豊かな香辛料を自在に楽しむ――インドネシア」山本紀夫編著『トウガラシ讃歌』東京：八坂書房

家永泰光・盧宇炯　1987『キムチ文化と風土』作物・食物文化選書10　東京：古今書院

生田滋　1992『ヴァスコ・ダ・ガマ――東洋の扉を開く』大航海者の世界２　東京：原書房

池上俊一　2010「貧者のスープと「未来派料理宣言」――イタリアのトウガラシ」山本紀夫編著『トウガラシ讃歌』東京：八坂書房

石川元混　1820『日養食鑑』英文蔵

石毛直道　1984『ハオチー！　鉄の胃袋中国漫遊』東京：平凡社

石毛直道編　1981『東アジアの食の文化――食の文化シンポジウム'81』東京：平凡社

伊藤圭介　1882「番椒図説」（出版地不詳）

岩井和夫・渡辺達夫編　2000『トウガラシ――辛味の科学』東京：幸書房

インカ・ガルシラーソ・デ・ラ・ベーガ　1986『インカ皇統記２』大航海時代叢書エクストラ・シリーズ２　牛島信明訳　東京：岩波書店

尹瑞石　1995『韓国の食文化史』東京：ドメス出版

尹瑞石　2005『韓国食生活文化の歴史』佐々木道雄訳　東京：明石書店

ヴァヴィロフ，N.　1980『栽培植物発祥地の研究』中村英司訳　東京：八坂書房

上田晶子　2010「すべてはトウガラシとともに――ブータン、ト

図版作成・関根美有
口絵デザイン・中央公論新社デザイン室

山本紀夫（やまもと・のりお）

1943年，大阪市生まれ．京都大学農学部農林生物学科卒業，同大学院博士課程修了．国立民族学博物館教授を経て，現在，同館名誉教授，総合研究大学院大学名誉教授，農学博士（京都大学），学術博士（東京大学）．専攻・民族学，民族植物学．

単著『インカの末裔たち』（1992年，日本放送出版協会）
　『ジャガイモとインカ帝国』（2004年，東京大学出版会）
　『ラテンアメリカ楽器紀行』（2005年，山川出版社）
　『雲の上で暮らす』（2006年，ナカニシヤ出版）
　『ジャガイモのきた道』（2008年，岩波新書）
　『天空の帝国インカ』（2011年，PHP 新書）
　『梅棹忠夫－「知の探検家」の思想と生涯』（2012年，中公新書）
　『中央アンデス農耕文化論』（2014年，国立民族学博物館）
編著『世界の食文化　中南米』（2007年，農文協）
　『アンデス高地』（2007年，京都大学学術出版会）
　『増補　酒づくりの民族誌』（2008年，八坂書房）
　『トウガラシ讃歌』（2010年，八坂書房）
訳　『トウガラシの文化誌』（1997年，晶文社）（林真理，奥田祐子との共訳）

トウガラシの世界史《せかいし》
中公新書 *2361*

2016年2月25日初版
2025年6月30日3版

著　者　山本紀夫
発行者　安部順一

本文印刷　三晃印刷
カバー印刷　大熊整美堂
製　　本　フォーネット社

発行所　中央公論新社
〒100-8152
東京都千代田区大手町 1-7-1
電話　販売 03-5299-1730
　　　編集 03-5299-1830
URL https://www.chuko.co.jp/

Published by CHUOKORON-SHINSHA, INC.
Printed in Japan　ISBN978-4-12-102361-2 C1222

中公新書刊行のことば

いまからちょうど五世紀まえ、グーテンベルクが近代印刷術を発明したとき、書物の大量生産は潜在的可能性を獲得し、いまからちょうど一世紀まえ、世界のおもな文明国で義務教育制度が採用されたとき、書物の大量需要の潜在性が形成された。この二つの潜在性がはげしく現実化したのが現代である。

いまや、書物によって視野を拡大し、変りゆく世界に豊かに対応しようとする強い要求を私たちは抑えることができない。この要求にこたえる義務を、今日の書物は背負っている。だが、その義務は、たんに専門的知識の通俗化をはかることによって果たされるものでもなく、通俗的好奇心にうったえて、いたずらに発行部数の巨大さを誇ることによって果たされるものでもない。現代を真摯に生きようとする読者に、真に知るに価いする知識だけを選びだして提供すること、これが中公新書の最大の目標である。

私たちは、知識として錯覚しているものによってしばしば動かされ、裏切られる。私たちは、作為によってあたえられた知識のうえに生きることがあまりに多く、ゆるぎない事実を通して思索することがあまりにすくない。中公新書が、その一貫した特色として自らに課すものは、この事実のみの持つ無条件の説得力を発揮させることである。現代にあらたな意味を投げかけるべく待機している過去の歴史的事実もまた、中公新書によって数多く発掘されるであろう。

中公新書は、現代を自らの眼で見つめようとする、逞しい知的な読者の活力となることを欲している。

一九六二年一一月

中公新書

地域・文化・紀行

t 2

560 文化人類学入門（増補改訂版） 祖父江孝男
2315 南方熊楠《みなかたくまぐす》 唐澤太輔
2367 食の人類史 佐藤洋一郎
92 肉食の思想 鯖田豊之
2129 カラー版 地図と愉しむ東京歴史散歩 竹内正浩
2170 カラー版 地図と愉しむ東京歴史散歩 都心の謎篇 竹内正浩
2227 カラー版 地図と愉しむ東京歴史散歩 地形篇 竹内正浩
2327 カラー版 イースター島を行く 野村哲也
1869 カラー版 将棋駒の世界 増山雅人
2117 物語 食の文化 北岡正三郎
596 茶の世界史（改版） 角山栄
1930 ジャガイモの世界史 伊藤章治
2088 チョコレートの世界史 武田尚子
2361 トウガラシの世界史 山本紀夫
2229 真珠の世界史 山田篤美
1095 コーヒーが廻り世界史が廻る 臼井隆一郎
1974 毒と薬の世界史 船山信次
2391 競馬の世界史 本村凌二
2755 モンスーンの世界 安成哲三
650 風景学入門 中村良夫

中公新書

地域・文化・紀行

t1

285 日本人と日本文化 ドナルド・キーン 司馬遼太郎
605 絵巻物に見る日本庶民生活誌 宮本常一
201 照葉樹林文化 上山春平編
799 沖縄の歴史と文化 外間守善
2711 京都の山と川 鈴木康久 肉戸裕行
2744 正倉院のしごと 西川明彦
2298 四国遍路 森正人
2151 国土と日本人 大石久和
1810 日本の庭園 進士五十八
2633 日本の歴史的建造物 光井渉
2791 中国農村の現在 田原史起
1009 トルコのもう一つの顔 小島剛一
2183 アイルランド紀行 栩木伸明
2853 イタリア食紀行 大石尚子
1670 ドイツ 町から町へ 池内紀

1742 ひとり旅は楽し 池内紀
2331 カラー版 廃線紀行―もうひとつの鉄道旅 梯久美子
2290 酒場詩人の流儀 吉田類
2472 酒は人の上に人を造らず 吉田類
2721 京都の食文化 佐藤洋一郎
2690 北海道を味わう 小泉武夫

自然・生物

s1

2305 生物多様性　本川達雄
2813 ダーウィン　鈴木紀之
2433 すごい進化　鈴木紀之
2857 恐竜大絶滅　土屋健
2763 「利他」の生物学　鈴木正彦・末光隆志
1647 言語の脳科学　酒井邦嘉
2731 物語 遺伝学の歴史　平野博之
2793 化石に眠るDNA　更科功
2736 ウイルスとは何か　長谷川政美
1709 親指はなぜ太いのか　島泰三
1087 ゾウの時間 ネズミの時間　本川達雄
2419 ウニはすごい バッタもすごい　本川達雄
2677 エビはすごい カニもすごい　矢野勲
2790 ウマは走る ヒトはコケる　本川達雄
2759 都会の鳥の生態学　唐沢孝一
2788 生き物の「居場所」はどう決まるか　大崎直太
2693 カラー版 クモの世界—糸をあやつる8本脚の狩人　浅間茂
2539 カラー版 虫や鳥が見ている世界—紫外線写真が明かす生存戦略　浅間茂
2174 植物はすごい　田中修
2328 植物はすごい 七不思議篇　田中修
2491 植物のひみつ　田中修
2644 植物のいのち　田中修
2822 日本の果物はすごい　竹下大学
2732 森林に何が起きているのか　吉川賢
2572 日本の品種はすごい　竹下大学
2735 沖縄のいきもの　盛口満
1769 苔の話　秋山弘之
939 発酵　小泉武夫
2408 醤油・味噌・酢はすごい　小泉武夫
2672 南極の氷に何が起きているか　杉山慎
2862 雑草散策　田中修

中公新書

医学・医療

科学・技術

中公新書

社会・生活

世界史